W0362276

Manifeste

L'arbre-monde. De nombreuses traditions sur notre planète évoquent un arbre géant qui s'élève jusqu'aux cieux. Axe de l'univers, il traverse les trois mondes : celui des morts, celui des humains et celui des dieux. C'est à travers lui que le cosmos se régénère perpétuellement.

Dans la mythologie nordique, cet arbre-cosmique s'appelle Yggdrasil. La légende raconte qu'après le grand cataclysme, Yggdrasil, symbole de l'éternité, survivra. De son bois sortiront alors une femme (Vie) et un homme (Désir de Vie), ancêtres de l'humanité nouvelle.

Yggdrasil est un frêne qui, comme les autres feuillus, est apparu il y a environ 50 millions d'années. Mais cet arbre mythique, qui a accompagné les premières communautés humaines, est en train de disparaître du monde occidental... ravagé par une maladie.

Il n'est d'ailleurs pas le seul à disparaître : d'innombrables animaux, végétaux, peuples, cultures, langues... ont suivi le chemin de l'extinction. Dérèglements climatiques, épuisement des ressources et des matières premières, destruction du vivant sur terre et dans les mers, déchirement du tissu social, montée des tensions politiques, migrations de masse, anéantissement des peuples premiers... nous glissons inexorablement vers la fin du monde tel que nous le connaissons.

Pire, les conditions sont aujourd'hui réunies pour qu'émerge la possibilité que notre société ou notre espèce – et bien plus – s'effondre. Il va falloir vivre avec. Désormais, pour nous, les survivants, il s'agit de s'organiser pour évoluer dans un monde déboussolé, perturbé, dégradé, dévasté, mais toujours en vie.

Ces constats, redoutables et accablants, portent en eux le risque d'un effondrement intérieur, car évidemment, réaliser tout cela, c'est côtoyer la mort, la peur, la tristesse, le désespoir, la colère et la rage. C'est aussi se rendre compte que ces affects sont des marqueurs de notre sensibilité à l'injustice, de notre courage de vivre, et de la profondeur des liens et de l'amour que nous avons pour ce qui disparaît. Ils nous rendent vivants, il est nécessaire de les accueillir, de les traverser, et finalement d'apprendre à côtoyer nos ombres.

Vivre avec les catastrophes, et avec les mauvaises nouvelles qu'elles charrient, n'est pas qu'une histoire de fin du monde. Pour beaucoup, c'est une opportunité pour se rassembler, retrouver confiance, construire/lutter, comprendre que tout est interconnecté, tisser des alliances avec les « autres qu'humains », retrouver notre juste place au sein de la toile du vivant, et imaginer ensemble d'autres modes d'organisation et de possibles horizons. Ces défis n'auront d'autres effets que de nous transformer profondément, nous métamorphoser, et pour cela, le moyen le plus sûr est de nous reconnecter à la source jaillissante de l'enfance : la joie.

Avec *Yggdrasil*, nous embarquons pour un voyage initiatique : découvrir l'être qui vibre en chacun·e et, grâce aux autres êtres vivants, déployer et explorer sa part sauvage, lui redonner vie. Accompagner la fin d'un cycle et engager le renouveau.

YGGDRASIL

Que la grande traversée commence !

Arctus, arcte, arctum...[1]

Yggdrasil
Magazine-livre trimestriel n° 9 • Juillet-août-septembre 2021
Imprimé sur papier 100 % recyclé (Everprint Premium Offset pour l'intérieur et la couverture – produit dans les Vosges)
Dessin de couverture : Marc Bati

Éditeur
SAS Édition Dandelion[2] au capital de 1 000 €
8, rue de la Mairie • 09320 Massat
yggdrasil-mag.com

Vous voulez nous écrire...
Différentes raisons peuvent motiver cette action (en réaction à un article scientifiquement douteux, pour faire un don en numéraire ou un legs...). N'hésitez pas, tous les courriers sont lus, sauf ceux qui sont trop longs. Et ceux écrits en sanskrit ou en latin. Alors « Go ! » : **contact@yggdrasil-mag.com**

Impression Via Schuller-Graphic (Vire)
Corlet Roto (Imprim'Vert)
Z. A. Les Vallées • 53300 Ambrières-les-Vallées

Abonné·e·s
Pour toutes questions concernant votre abonnement, et uniquement votre abonnement (sinon reportez-vous 11 lignes plus haut), vous pouvez utiliser le mail suivant. Si tout va bien, on vous répondra (en fait, nous n'en sommes pas totalement sûrs, car aucun membre de l'équipe n'a jamais eu à écrire à cette adresse) : **abo@yggdrasil-mag.com**

Directeur de la publication, co-rédac chef *à 87 %...*
et aussi saint patron des textes sacrés Yggdrasiliens
Yvan Saint-Jours Corré

Co-rédac chef *à 13 % qui se demande encore si la proposition d'un Ministère de l'Effondrement de la part de LREM n'est pas une blague* Pablo Servigne

Mi-ange, mi-humain, mi-breton d'adoption, il garde un œil sur Yggdrasil Denys Chalumeau

Directeur artistique, *Mozart de la PAO*
Loïc Cimelière (elypss.fr)

L'Illustratrice *dont les dessins et la bonne humeur illuminent chaque bouclage* Marie Doucedame

Impitoyable traqueuse de fautes *et des trucs qui font qu'on est carrément en bon français*
Raphaële Vidaling

Créateur de logo *since 2019* Geoffrey Dorne

Si le Titanic était les éditions Dandelion, et l'iceberg l'administration française, il n'aurait pas coulé grâce à elle
Nathalie Delbreil

Elle répond à vos mails, ouvre vos enveloppes, expédie vos paquets, *et toujours avec le sourire* Claudie Bernigot

Elle s'occupe des relations avec la presse *internationale, parfois nationale, rarement régionale, exceptionnellement locale* Xavière Bourbonnaud
xaviere@lagencenouvelleculture.fr

Si le site est beau, c'est grâce à elle ; si les réseaux sociaux sont encore alimentés, aussi Lyse Hébert

Diffusion librairie Actes Sud/UD
Diffusion presse MLP
Pour diffuser votre magazine préféré partout, n'hésitez pas à nous contacter ici contact@yggdrasil-mag.com

ISSN : 2678-8748 • CPPAP : 0721 I 93994
Dépôt légal à parution

1. Dans la presse écrite, la tradition veut que l'on appelle « ours » les mentions légales et obligatoires (comme le générique d'un film). Pour rendre plus agréable la lecture de ce pensum, nous avons décidé de trouver un petit nom différent à chaque fois. Pour ce numéro 9, il s'agit du début de la déclinaison du mot « ours » en latin. C'est pas drôle, voire un brin chiant, mais ça fait classe.

2. Nous sommes trois principaux associés dans la SAS Édition Dandelion : Yvan, Pablo et Denys. Nous avons conclu un pacte à la création de la société, chacun devait répéter : *« Nous ne publierons que 12 numéros. Si nous faisons des bénéfices, nous aiderons les autres. Dis : Croix de bois, croix de fer, si je mens je vais en enfer. »*

Le choix de l'**écriture inclusive** a été laissé libre à chacun·e·s des auteur·e·s. Par conséquent, parfois elle est inclusive et parfois elle ne l'est pas. Difficile de faire plus inclusif, n'est-ce pas ?

Grâce à la coopérative d'énergie Enercoop, l'**électricité** qui sert à concevoir *Yggdrasil* est produite localement et de source 100 % renouvelable. Enercoop est présent partout en France : enercoop.fr

Pour toi qui as eu le courage de lire ces petits caractères jusqu'ici, sache que nous avons dissimulé un code secret dans ce numéro (comme dans les précédents, d'ailleurs). Ce code est un nombre, et c'est toujours le même depuis le n° 1. Il te donnera accès à un truc génial après le 12ᵉ numéro d'*Yggdrasil* (merci de noter qu'aucune réclamation ne sera prise en compte en cas d'attaque d'aliens ou d'animaux radioactifs de type Godzilla avant la fin de ce jeu gratuit et sans obligation d'achat).
Dans ce neuvième opus, pour trouver le code il suffit d'additionner les coccinelles + les chouettes + les hérissons + les rapaces + les escargots + les lions. Puis de diviser le résultat par le numéro d'*Yggdrasil* dans lequel se trouve une mention de la chaîne de télé : TV11-Moldavie. Simplisme en somme !
Attention, n'oublie surtout pas de lire également la page 8, car nous avons procédé à une mise à jour du précieux et tant convoité code.

OÙ TROUVER *YGGDRASIL* ?

- soit **demander à votre libraire préféré·e** (s'il·elle n'en a pas ou plus, il·elle peut en commander facilement via Actes Sud/UD) ;
- soit **demander à votre sympathique marchand·e de journaux** (attention, nous sommes seulement présents sur les gros points de vente de presse, ou les très motivés – ça fait quand même 2 500 endroits en France !) ;
- soit **vous abonner,** en utilisant le coupon de la p. 139 ;
- soit trouver les anciens numéros, le numéro en cours et d'autres choses **sur notre boutique en ligne : yggdrasil-mag.com ;**
- soit **chercher sur Internet** des personnes inconscientes qui le vendraient d'occasion (c'est pas impossible, de nos jours).

édito

YVAN & PABLO

Small is vraiment beautiful

Dans ce nouveau numéro, tout beau, tout 9, nous continuons d'explorer les chemins obscurs des effondrements, avec nos lampes frontales modèle « Renaissances ». Plus nous progressons et plus il semble évident que le titre du livre de l'économiste Ernst Friedrich Schumacher sorti en 1973 *Small is beautiful,* devenu depuis un aphorisme, est d'une évidence limpide.

La même année, c'était le premier choc pétrolier, et Ivan Illich publiait *La Convivialité* [cf. *Yggdrasil* n° 5]. L'année d'avant, l'équipe de Donella & Dennis Meadows publiait *Les Limites à la croissance* et Pierre Déom démarrait *La Hulotte* [lire p. 28]. C'est aussi à cette époque qu'eut lieu la rencontre – ô combien fertile – entre David Holmgren et Bill Mollison, qui donna naissance à la permaculture [lire p. 50].
Quel foisonnement ! Que de visions, de lucidités et d'anticipations !
Et quelle douche froide de se rendre compte qu'après un demi-siècle nous en sommes rendus à faire les mêmes constats, à redécouvrir l'eau tiède : si nous voulons vivre sur une Terre « vivable », arrêtons de scier notre arbre-monde !
Oui, nous le savons, c'est facile à dire, mais par où commencer et quand ?
Eh bien, commençons déjà par nous-mêmes, aujourd'hui même !

Schumacher expliquait que « *les conseils dont nous avons besoin ne peuvent pas nous être fournis par la science ou la technologie, dont la valeur dépend entièrement des fins qu'elles servent. Mais on peut encore les trouver dans la sagesse traditionnelle de l'humanité.* » Comme chez les Papous [voir p. 106], par exemple.
Quant aux créatures qui peuplent la Terre, considérées uniquement comme des facteurs de production, il est « *rationnellement défendable de poser comme un état de fait qu'elles sont, en certain sens, sacrées* » ajoute cet économiste atypique. Ça tombe bien, c'est l'un des chemins que nous explorons régulièrement dans nos pages et qu'une fois encore vous trouverez dans cet opus.

Alors *small* is carrément *beautiful,* et c'est déjà énorme : vivre simplement, apprendre l'autonomie et le partage au quotidien, générer de l'abondance, conserver une certaine humilité… Le reste suivra, car des petits ruisseaux naissent les grandes rivières.
Rendez-vous dans 50 ans ?

sommaire

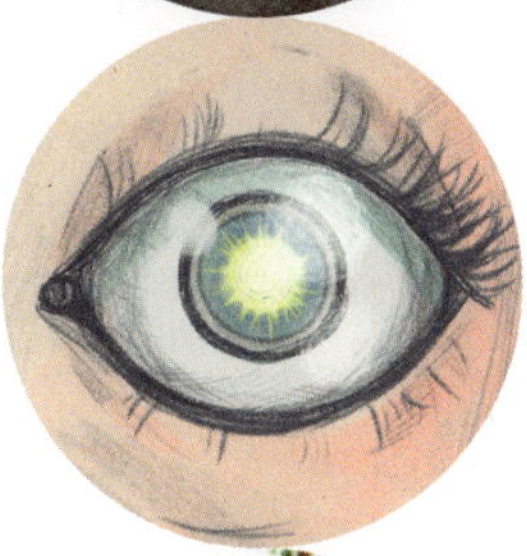

Auteurs·trices #9

La fine équipe

Yvan Saint-Jours Corré
Cela fait plus de 20 ans maintenant que je pilote des médias alternatifs afin de faire circuler des informations qui me semblent importantes. J'aime cette place de capitaine, pirate à mes heures. Je tiens le gouvernail, mets le nez au vent, et regarde d'un œil attentif et joyeux cet équipage fabuleux qui s'active pour atteindre notre destination commune : co-créer ce magazine.

Pablo Servigne
Je suis artisan de « déclics » : une fois que j'en ai capté un, je le partage à un maximum de personnes à travers les écrits ou la parole. J'aime être aux interstices, hors des cases et des sentiers battus, là où on ne m'attend pas. Je n'arrive pas à lire tout les livres, et ça m'embête.

Loïc Cimelière
Au service de projets pour l'avenir, comme *Yggdrasil, La Maison écologique* ou encore le Wutao, j'ose l'alliance du sens et du beau à travers la fibre papier en direction artistique, du haut des côteaux du Lyonnais. Mon engagement profond : un questionnement éthique et esthétique – recto et verso d'un même élan – pour faire sortir de terre de belles et pérennes idées.
elypss.fr

Marie Doucedame
Après quelques années à dessiner pour les publics du Muséum d'Histoire Naturelle, je continue à dessiner des faunes et des flores... Je travaille souvent avec des scientifiques (une espèce curieuse et méthodique) et contribue ainsi au partage des connaissances. Par ailleurs, j'ai envie d'illustrer des histoires et je suis soulagée que mon amie Catherine ait retrouvé l'inspiration pour son scénario d'anticipation dans le Cantal (la pandémie de Covid dépassant la fiction l'avait mise à l'épreuve !).

Raphaële Vidaling
Auteur et photographe de nombreux livres, notamment de la collection « Tout faire soi-même » aux éditions Tana, c'est au nom d'une agrégation de lettres que je quitte mon bleu pour faire office de correctrice d'*Yggdrasil*, depuis les Alpes de Haute-Provence, où je bricole un rêve d'autonomie en pleine nature.
raphaelevidaling.fr

Et dans ce numéro, par ordre d'apparition

Couverture

Marc Bati
J'ai une double casquette : auteur de BD et directeur de festival de courts métrages. J'ai dessiné huit albums cosignés avec Jean Giraud (Mœbius), la trilogie du *Cristal Majeur* et la série *Altor*. J'ai aussi créé le Très Court International Film Festival, qui fait sa 23e édition en 2021. J'expose aujourd'hui mes dessins en galerie à Paris et sur Instagram : @marcbati. Je suis un heureux habitant de la Drôme.

À lire, à voir...

Nikita Smith p. 26
Diplômée en biodiversité, j'ai monté mon association, milité et créé des projets de sensibilisation sur un fond d'urgence, d'amour du vivant et de volonté de « secouer le monde ». Aujourd'hui installée dans les montagnes, je vaque à une belle occupation : favoriser l'entraide et la créativité.

Marianne Leenart p. 21
Capitaliste repentie, je suis devenue écrivaine-exploratrice. Quand je suis à court de papier, j'enseigne la méditation, dans une intention joyeusement subversive. Pour que cette pratique, loin de nous transformer en petits lotus zen et passifs, nous engage à renverser l'ordre établi et à prendre soin de la vie.

François Clapeau p. 18
J'ai 43 ans et je vis à Limoges. Je suis journaliste spécialisé dans le domaine de la santé et membre du groupe *Facteurs Humains en Santé*. Je suis auteur de polars médicaux. Le plus récent, *D'abord ne pas nuire*, est aussi un roman d'anticipation écologiste.

Renaud Duterme p. 23
J'enseigne la géographie dans un lycée belge, et suis l'auteur de *De quoi l'effondrement est-il le nom* et de *Manuel pour une géographie de combat*. Je co-anime le site geographies enmouvement.com

Nicolas Haeringer p. 20
Je suis militant du mouvement pour la justice climatique – actuellement en charge de l'appui aux mobilisations internationales pour l'ONG 350.org. Diois d'adoption, je passe de plus en plus de temps loin de mon ordinateur, à arpenter le Vercors pour y observer oiseaux, cerfs, biches et chevreuils.

Éric La Blanche p. 20
Auteur, concepteur, journaliste, scénariste, bédéaste, chanteur, peu m'importe le média pourvu qu'on me laisse raconter des histoires et partager mes lubies (d'ailleurs, j'ai sorti un livre sur les biais cognitifs en mai). Tombé dans l'effondrement vers 2010, j'essaie de rester drôle, calme et sobre malgré une furieuse envie de hurler et de courir tout nu sur les toits, la nuit.

Articles

Clémence Corré Saint-Jours p. 28
Mère de deux adolescents, autrefois infirmière, puis éducatrice et directrice fondatrice d'une école, j'arpente à présent une autre période de ma vie, qui m'invite à élargir mon champ d'explorations. Je crée dans le bois, la laine, le tissu ; cuisine le sauvage et les couleurs ; lis, écris... Je me régénère et goûte à la vie, pleinement. En attendant que d'autres projets appellent.

Flora Clodic-Tanguy p. 37
J'accompagne des porteurs de projets engagés dans leur communication, notamment à travers des campagnes de financement participatif (comme *Yggdrasil !*). Heureuse néorurale, j'aide mon compagnon à développer Prise de Terre, un centre d'expérimentation et de formation autour de la permaculture et de l'autonomie, dans notre ferme du Cantal.
prisedeterre.net

Laure Noualhat p. 42
Je suis journaliste spécialisée dans les questions écologiques depuis 20 ans. J'adore les maths, ce qui fait de moi une collapso (car 2 + 2 = 4). À force de passer pour une folle, je le suis devenue et me suis réfugiée dans l'Yonne. Depuis mon départ de *Libération* en 2014, je réalise des documentaires et, surtout, je marche en forêt pour me noyer sous les phytoncides. Je suis aussi la mamie des youtubers collapsos avec Bridget Kyoto.
www.youtube.com/user/BridgetKyoto

Et retrouvez toute l'équipe d'*Yggdrasil* dans l'ours p. 2 ainsi que sur notre site **yggdrasil-mag.com**

Jérômine Derigny p. 42
Je suis photojournaliste depuis les années 2000, membre du Collectif Argos. Mes thématiques sont les mutations et grands enjeux de ce monde, qu'ils soient liés au climat ou à l'urbanisme, en tout cas anthropiques. Par les sujets que je choisis, je montre l'impact de l'action de l'Homme sur son propre environnement.

Alain Laboile p. 62
Sculpteur de formation, je vis et travaille dans la région de Bordeaux. À partir de 2006, le quotidien de ma famille nombreuse (nous avons six enfants) devient le sujet principal de mes photographies. Chaque tirage souligne l'harmonie des corps avec la nature. Véritable source d'inspiration, la nature devient un immense terrain de jeux propice à toutes les explorations possibles au contact de l'eau, des arbres, de la terre et des animaux.
laboile.com

Karine Nivon p. 68
Passionnée par la fluidité et l'alchimie du tao et du tantra, j'accompagne les êtres sur le chemin de l'épanouissement intime. Par ailleurs, un rêve m'a visitée il y a 13 ans, une invitation à créer la revue *Rêve de Femmes* (revedefemmes.net). Puis j'ai conçu l'agenda lunaire *Rêv'Elles*, hymne au Sensible. Je vis à La Danse des Papillons, écosite en Drôme provençale.
meditationfrance.com/pages/nivon.htm

Gaia Orion p. 73
Artiste internationale, je vis au Canada. Passionnée par les sujets de transformation personnelle et de changement sociétal, je suis également coach de créativité pour particuliers et en entreprise.
gaiaorion.com

Emmanuel Duquoc p. 74
Depuis vingt ans, j'explore activement les potentialités de résilience, de guérison et d'évolution inscrites dans la biologie humaine. Journaliste libre et auteur, j'ai publié *52 semaines pour vivre bien sans médecin* chez Thierry Souccar Éditions. J'anime le blog je-retrouve-mon-pouvoir.com

Laurine Lestrat p. 74
Une fois diplômée de l'école Estienne, j'ai rapidement déserté les bruits de la ville pour voir du pays. J'ai traversé les campagnes, jusqu'à me trouver un petit coin de terre bretonne. Aujourd'hui, je consacre le plus clair de mon temps aussi bien à la bande dessinée qu'à la musique. Je raconte des histoires à longueur de journée, tantôt pour rêver, tantôt pour militer.

Béatrice Mera p. 82
J'ai créé La Tisane Lumineuse pour célébrer le pouvoir et la magie des plantes, se réapproprier les savoirs et les usages traditionnels perdus et renouer une relation plus étroite et constante avec nos plantes compagnes. J'anime des ateliers de connaissance des herbes locales et sauvages et rédige des articles sur mon site et ma page Facebook.
latisanelumineuse.jimdo.com

Jacky Jousson p. 82
Illustrateur « généraliste » travaillant pour la presse, l'édition et le packaging. Illustrateur naturaliste par choix et par conviction, j'essaie de peindre, dans l'urgence, la beauté fragile d'une nature qui souffre par notre faute. Avec l'espoir dérisoire, mais l'espoir quand même, que ce soit utile.

Bernard Bertrand p. 90
Amoureux de nature dès mon plus jeune âge, militant engagé, je suis d'abord un « passeur de savoirs ». Fou des pratiques d'autonomie (au quotidien, paysanne, en pleine nature, etc.), j'ai acquis toutes sortes de savoirs et n'ai de cesse de les retransmettre (stages, livres, conférences)... Aujourd'hui, je continue mon inlassable travail de collectage et anime deux revues écolos singulières et engagées : *Le Lien créatif* et *Abeilles en liberté*.
leliencreatif.fr
abeillesenliberte.fr

Barnabé Chaillot p. 98
On me compare parfois à un Géo Trouvetou 2.0, tendance anarcho-écolo-tuto. J'aime partager mes idées et astuces sur ma chaîne Youtube pour donner à chacun la possibilité d'atteindre sa liberté énergétique. Derrière la vulgarisation souriante de mes projets manuels souvent naïfs, je m'efforce de glisser des idées sous-jacentes à cette humanité (dont je ne m'exclus pas) résolument aveugle allant toujours plus vite vers l'abîme.
Youtube : Chaillot Barnabé

Frederika Van Ingen p. 106
Mes premiers mots de journaliste parlaient de la disparition des bleuets et des papillons. Puis ils se sont tournés vers la science et la médecine pour étudier le vivant et, enfin, vers la psychologie des humains et leur écologie intérieure. Jusqu'à ce que je découvre tout cela réuni avec une grande cohérence dans les sagesses millénaires des peuples racines, que, depuis, je rassemble, entre autres dans des livres et dans un « Cercle des passeurs », pour réinspirer nos propres racines.

Marc Dozier p. 106
Depuis plus de 25 ans, je consacre l'essentiel de mon travail de photographe et de réalisateur à la Papouasie-Nouvelle-Guinée. Mes reportages sont régulièrement publiés dans la presse nationale et mes documentaires diffusés sur les chaînes françaises et internationales (Arte, Canal+, National Geographic, CNN...).
marcdozier.com

Cindy Jeannon p. 120
Chercheuse-exploratrice du monde sensible et sauvage, je vis des immersions dans les grands espaces de Scandinavie. En France, j'ai un mode de vie qui fait corps avec la nature. Photographe écrivaine, je transmets cette connexion par des stages, des conférences, des livres... et au quotidien.
cindyjeannon.com

Kim Pasche p. 133
Archéologue, trappeur et auteur, je vis dans les forêts du Yukon, au Canada. Je cherche à nourrir le lien qui nous lie au monde, afin que la relation passe avant le progrès et l'intention avant l'action. Je collabore avec les Amérindiens du Yukon afin de préserver les valeurs dont ils sont les gardiens. Selon moi, le monde moderne est une machine à tuer la diversité, biologique et culturelle.
gens-des-bois.org

Rebondissement
sur le fameux code secret d'*Yggdrasil* !

Bonjour *Yggdrasil*, bonjour Pablo, bonjour à toute la rédaction d'*Yggdrasil*.
Je ne pense pas que me présenter ait un quelconque intérêt, je vais donc énoncer ma réflexion. Concernant le code secret, j'ai une (plusieurs ?) hypothèses, mais je ne suis pas sûr de ma réponse. J'ai commencé avec le numéro 8, découvrant le petit jeu de piste (ayant même acheté une loupe pour l'occasion ! Incroyable, non ?), et, fébrile, j'ai attendu de retrouver le reste de ma collection pour essayer de corroborer ou de réfuter mon résultat. Résultat douteux, puisque la fresque est assez petite pour laisser des doutes concernant le nombre de gens travaillant dans les vignes.
J'ai cependant trouvé le numéro 12 (9 vignes + 2 blés + 4 poules – 3 escaliers). Ce résultat semblait confirmé dans les numéros 7, 4 et donc logiquement 8, puisque c'est mon point de départ. Malgré tout, le numéro 3 ne m'a permis de trouver que le numéro 21… (21 | 12…), d'autant plus que j'ai interprété la phrase « il n'est pas sur la page 107 » du numéro 6 comme « excluez les possibilités présentées page 107 ». Or, page 107, on trouve les numéros 11, 50, 15, 25, 22, 17, 10, 80, 65 et… 12. Selon mon interprétation, ça devrait l'exclure, mais ça ne me paraît pas cohérent avec le reste de mes résultats. D'autant plus que le numéro 5 (p. 101, comme indiqué) ne présente que 2003 et 2018 en résultats. Par conséquent, le code ne changeant pas, la cohérence de l'ensemble me paraît bancale. Puis je me suis dit que le seul élément tangible était le numéro 8, car il n'y a pas 150 possibilités (et je ne parle pas du premier numéro assez retors à exploiter). Puis je me suis rendu compte d'une chose en baladant mon regard, les yeux dans le vide, tout en réfléchissant à cette impasse. En haut de beaucoup des pages concernées, il y a écrit le numéro de la page, bien sûr, mais aussi « n° du magazine • 12 »… 12… Il y a 12 numéros de prévus, et ça me semble être trop gros et trop joli pour passer à côté.
Par conséquent, bien que ça ne fasse pas consensus, si je puis dire, je vais émettre l'hypothèse que le code est 12, en considérant que le 21 du numéro 3 compte et que les indications en en-tête de page comptent également.
Si j'ai trouvé le bon code, auriez-vous la gentillesse de me le confirmer ?

Cordialement, Thomas

***Réponse de** la rédaction*

« Cher(lock Holmes) Thomas,
Merci beaucoup pour ton email, ça fait plaisir à lire. Ta déduction est bonne. Ceci dit, tu as commis une petite erreur (que nous ne révélerons pas pour faire durer le suspense jusqu'au bout… Élémentaire, me diras-tu). Mais nous avons, de notre côté, commis une abominable erreur qui nous met dans un terrible embarras. Erreur que nous avons pu identifier grâce à toi ! En effet, dans le n° 5, l'indice ne se trouve pas à la p. 101, comme annoncé, mais p. 97. Le fautif sera puni comme il se doit, sois-en rassuré. Et pour te récompenser dignement, nous te mettons donc sur la liste des *happy few* qui recevront un truc génial après le n° 12. Sacré veinard !

Bonjour cher *Yggdrasil*,

Je suis une abonnée passionnée. J'aime la présence d'articles qui demandent de prendre le temps de lire. Magazine incroyable, car riche en mots, en photos et en dessins.

Je t'envoie mon dessin. Il illustre une phrase entendue dans un film qui fait bien écho à la réalité du moment pandémique.

Je suis une fille de 56 ans qui adore lire et dessiner. Je vis dans le Var, aux Salins d'Hyères.

Bises à toi, journal génial, et respect à ton équipe ; elle fait un beau travail de récolte de pépites.

Amélie Darnis

Monnaie libre

Bonjour,

J'ai le numéro 8 entre les mains (pas encore tout lu) et j'imagine que des articles concernant les monnaies alternatives ont pu paraître dans les précédents numéros (ou pas ?).

Je participe depuis deux ans à une « expérience grandeur nature » qu'est la monnaie libre.

Cette crypto monnaie n'est pas comme les autres (ah, non !). Elle est l'application d'une théorie conçue en 2014 par un Français, Stéphane Laborde. Il démontre dans sa « TRM » (Théorie Relative de la Monnaie) comment créer un intermédiaire d'échange qui soit égalitaire entre les humains, dans l'espace et dans le temps (qui éradique donc les inégalités d'accès à cet outil primaire tout en protégeant les générations futures).

La création monétaire se fait par l'intermédiaire d'un DU (Dividende Universel) que chaque membre co-crée, au même rythme, durant toute sa vie, sans conditions. Pas besoin de banquiers, d'institutions, de hiérarchie pyramidale.

Bref, une vraie alternative face aux nombreux problèmes que posent les monnaies dettes (et les monnaies locales qui y sont indexées), qui sont, elles, créées par le crédit : capitalisation, orientation des liquidités, intérêts manquants, problèmes d'accès à cette ressource pour le plus grand nombre, etc.

Depuis mars 2017, la première monnaie basée sur cette TRM est en fonctionnement. C'est la G1 (prononcée « june ») : la première monnaie libre au monde !

Nous sommes aujourd'hui plus de 3 000 membres (en France et au-delà) à co-créer cette monnaie chaque jour et à l'utiliser pour des achats de biens et de services, grâce à des plateformes d'échange ou simplement en local. Gchange [1] est par exemple l'équivalent du site Leboncoin en junes. Nous organisons aussi des Gbrocantes, et j'achète des produits chaque mois à des producteurs autour de chez moi !

L'organisation, la gestion et surtout la création monétaire sont totalement décentralisées grâce à l'utilisation d'une *blockchain* (aucune prise de pouvoir possible). Cette création monétaire est très peu gourmande en énergie (à l'inverse du Bitcoin, qui est un fléau). Les logiciels utilisés sont tous libres et les développeurs bénévoles ou payés en junes.

Rien n'est payant. Au contraire, cette création valorise l'existence en tant qu'humain, sans exception, et donne à chacun un nouveau pouvoir d'achat.

Il y a aussi un côté social intéressant, puisque, pour devenir membre (et prouver qu'on n'est pas un robot !), il faut se faire certifier par cinq personnes déjà membres. Ce qui encourage les rencontres humaines, améliore le tissu social local et nous sort de l'isolement.

C'est vraiment une belle ouverture vers un nouveau paradigme de ce que pourrait être une monnaie plus humaine, plus solidaire et plus sobre.

Seriez-vous partant pour en parler dans votre magazine prochainement ? Pas pour un coup de pub, mais plutôt pour montrer que des alternatives économiques construites et fonctionnelles existent déjà.

monnaie-libre.fr
forum.monnaie-libre.fr

(y a plein d'autres contenus, je vous laisse découvrir !)

Merci pour votre beau travail ;)

Librement, Rémy

Sésame ouvre-moi

Bonjour Sésame et *Yggdrasil*,
Oui, « *Quand on ne trouve pas quelque chose, à nous de le faire exister* ». Pour cesser de vivre enfin notre spiritualité en solitaire, par exemple.
J'ai tenté l'expérience en créant un groupe de silence, et de paroles facultatives, il y a une dizaine d'années, dans un lieu spirituel proche – sans succès. Expérience vite abandonnée, faute de participants.
C'est que je ne suis ni philosophe, ni écrivaine, ni érudite, ni intellectuelle, ni psychologue, ni même pédagogue ! Et pourtant, en lisant, en relisant l'entretien d'*Yggdrasil* « Ces âmes, ouvrez-vous ! », mon espérance renaît follement. Elles me parlent beaucoup, beaucoup, vos paroles ; elles m'émeuvent au plus haut point.
J'y vois surgir des myriades de petits « Sésame » partout, parce que l'on a besoin d'eux à proximité de chacun. Par les rues, les lotissements, les immeubles, les hameaux, les maisons, les appartements des villes et des villages.
Je sais que je suis une idéaliste exaltée, mais « *Les années rident la peau, renoncer à son idéal ride l'âme* » et « *Les utopies d'aujourd'hui sont les réalités de demain* », puisque nous construisons notre futur. Pour moi, c'est comme le compost de nos ressources organiques qui donne l'humus, puis la nourriture terrestre et l'humain ; c'est le cycle de la vie, du spirituel vers le charnel, le manifesté.
Avec mon mari, génial infatigable bâtisseur (qui a besoin du bruit de la radio et des images de la télé, se ressourçant lors de marches silencieuses en forêt), à 70 et 72 ans, dont 50 ans de mariage, nous aménageons en ce moment notre grenier et un modeste logement pour accueillir de petits groupes (à partir de 2022). À la fois des gens d'ici, surtout, au jour le jour, à l'heure l'heure, des voisins, des relations amicales, de la famille, mais aussi parfois des personnes plus lointaines, car il y a des possibilités de pratiques plurielles et d'hébergement. Par exemple, qi gong, sophrologie, chant des voyelles, yoga du souffle, méditation guidée…
Mais comment faire quand on n'a pas les compétences requises ? Seulement quelque chose qui vient des profondeurs de l'être, du cœur peut-être, de l'ordre du ressenti, de l'éprouvé. J'avais pensé – et j'ai toujours la folie de croire – que le silence suffisait, car « *Dans le silence Dieu se tient* ». « *Il unit sans rien imposer* », comme vous dites, et plus loin « *Communier dans la pratique très puissante du silence* »…
« *S'y souvenir de notre origine profonde.* »
Mais proposer et vivre ensemble un instant de silence avant d'aller au jardin partagé ou d'engager une « ré-union »… quelle aventure !
Et comment vivre cette « spiritualité post-religieuse » pour tous, avec ma sœur restée catholique pratiquante ? Avec notre fils musulman, converti très pointilleux sur les rites, sa femme, leurs enfants et toute sa belle-famille musulmane de naissance ? Avec notre belle-sœur bouddhiste thaïlandaise plutôt décontractée ? Avec nos relations diverses et variées ?
Quant aux livres, il n'y en avait aucun chez mes sages grands-parents, paysans bretons illettrés, et si peu chez mes parents, bouchers-charcutiers-jardiniers. Ici, il y en a bien plus, dont les *Évangiles*, le *Coran*… et *L'Espérance en mouvement*, de Joanna Macy et Chris Johnstone. Il y a trois ans, j'ai créé un club de lecture autour de ce livre, tant il m'avait fait du bien. Mais, là aussi, l'expérience s'est arrêtée en chemin, alors que, pourtant, j'avais passé un week-end avec l'association Roseaux Dansants, qui diffuse le Travail qui Relie. C'est si peu, deux jours !
Tout ce qui précède me fait penser aux « Oasis en tous lieux » de Pierre Rabhi et à son fameux colibri qui fait sa part – seulement sa part, mais il la fait.
Il y aurait encore tant à écrire et à lire, et vous avez tant à faire ! *Yggdrasil*, ou autre, aiderait peut-être à aller plus loin dans la réflexion et l'action, en toute simplicité, pour les gens ordinaires.

Merci, merci, merci d'entretenir l'espérance.

Claudine Le Tallec **Mamirolle, Doubs, le 12 avril 2021**

L'humain, végé ou prédateur ?

Bien le bonjour,

Fidèle lecteur depuis le n° 2, je prends à mon tour la plume afin de répondre aux deux courriers publiés dans votre n° 8 en réaction aux articles de Kim Pasche parus dans des numéros antérieurs.

Il me semble que la chronique de Kim Pasche, trouve toute sa place dans votre publication. J'y trouve, pour ma part, un élargissement, une mise en perspective des sujets de prédilection de la revue, au travers d'instantanés d'une vie aujourd'hui alternative mais à la fois ancestrale, dont le décalage crée une altérité éclairante sur nos modes de vie.

Sensible à la « cause animale » et végétarien depuis cinq ans (pour des raisons écologiques et éthiques), je ne sais si tuer des êtres vivants pour s'alimenter serait « une alliance avec la communauté du vivant ». En revanche, il me semble s'agir d'un comportement que les humains partagent avec nombre de non-humains.

Le nom « prédateur » peut désigner différentes situations :

- Se dit des espèces animales qui se nourrissent de proies vivantes.
- Personne, groupe qui établit sa puissance en profitant de la faiblesse de ses concurrents.

Il me semble que certaines réactions jouaient sur cette polysémie. Je souhaite donc, dans un premier temps, préciser que je l'utiliserai dans sa première acception.

Ensuite, j'ai retenu deux thématiques principales dans les reproches exprimés au sujet des propos tenus par l'auteur des chroniques :

- Le rapport aux questions de choix d'alimentation.
- Le rapport entre être vivants humains et être vivants non humains.

Ces deux thématiques se recouvrant partiellement, il paraît vain de les traiter séparément.

Un loup qui traque, tue et mange un mouflon serait « la nature ». Un être humain qui fait de même serait « un acte écœurant » ? J'avoue ne pas arriver à me formuler de différence, si ce n'est de principe.

La prédation me semble indissociable, à l'échelle espace-temps de l'espèce, de la condition humaine, comme elle est indissociable de celle du loup ou de l'ours (pour prendre un omnivore). En revanche, les motifs, les méthodes utilisées, les quantités d'individus tués me semblent être des éléments qui peuvent servir à discriminer une prédation « naturelle » d'une prédation « pervertie ».

La prédation « naturelle » pourrait être celle qui est pratiquée :

- pour subvenir à ses besoins alimentaires au long des saisons, dans son biotope ;
- en exclusivité sur des êtres vivants non humains, à l'état sauvage ;
- à l'aide des seuls outils fonctionnant à la seule force de son propre corps et à l'exclusion de toute énergie adjuvante extérieure (y compris le feu) ;
- dans la limite des quantités nécessaires à maintenir sa propre existence et celle des individus non autonomes dont on a la charge et au regard des techniques de conservation disponibles.

Ainsi, une personne seule, itinérante, à pied, chassant quotidiennement à l'arc un lapin, au printemps, dans les forêts du Canada me semble relever de l'état naturel des êtres vivants humains sous ces latitudes.

Les êtres humains étant doués de conscience (ce ne sont pas les seuls...) et disposant d'un métabolisme leur permettant la pratique du régime de type omnivore, ils peuvent donc décider de renoncer à la prédation et/ou à toute alimentation d'origine animale.
Ainsi, si la personne évoquée ci-dessus tente de s'affranchir de la prédation, en consommant exclusivement des végétaux, il est probable qu'elle doive se sédentariser afin de conserver à portée de mains les végétaux nécessaires au fil des saisons en quantité suffisante, et modifier ainsi plus en avant son biotope, au détriment d'autres êtres vivants.
Si elle complète sa diète par la consommation de produits animaux comme le lait ou les œufs, il est probable qu'elle doive, toujours au sein du biotope évoqué, en domestiquer puis en protéger les producteurs, quitte à en tuer les prédateurs naturels trop entreprenants et à modifier ainsi plus en avant son biotope, au détriment d'autres êtres vivants.
Si elle souhaite renoncer à développer des surfaces cultivées destinées à pourvoir à son habillement au travers de fibres végétales, une bonne solution serait de recycler la peau des animaux très fraîchement décédés ou la laine des animaux domestiqués.
Les conséquences semblent devoir être identiques si toutes ces approches sont réparties entre différents individus au sein d'un groupe ou entre différents groupes au sein d'un territoire.
Il est également possible, pour cette personne, de se décharger de ces problématiques en se remettant entre les mains des différentes industries contemporaines qui nous apportent des solutions « prêtes à consommer », le risque étant, pour elle, de perdre le contrôle sur les choix opérés en son nom (et souvent au regard d'autres problématiques extra-contextuelles).
Dans notre monde fermé, nos choix individuels et collectifs impliquent différents types de pression sur nos biotopes. Chaque biotope présente des conditions spécifiques (saisonnalité, météo, topographie, faune, flore...) avec lesquelles composer et arbitrer.
Bien identifier les mécanismes et les enjeux apparaît donc primordial, surtout à l'échelle de l'actuelle population mondiale.
Ce qui permet d'introduire un paramètre supplémentaire : nos choix démographiques.
Mais ça, c'est une autre histoire...
De plus, pour revenir sur la dimension moins opérationnelle et plus éthique de ces thématiques, si je fais mienne l'idée que la façon avec laquelle nous traitons individuellement et collectivement les êtres vivants non humains est en dialectique intime avec celle dont nous traitons les humains, quel paradoxe que d'à la fois vouloir rapprocher êtres vivants humains et non humains au travers d'un anthropomorphisme subjectif (attention, je ne nie pas que nombre d'être vivants disposent d'un spectre émotionnel) et par ailleurs d'exclure ces mêmes êtres vivants humains d'un concept de nature aux contours tout aussi subjectifs, et par là même, de recréer une distance (que je devine souhaitée comme « expiatoire ») avec les non-humains.
Pour ma part, je suis encore aujourd'hui un urbain, salarié, qui trouve sa nourriture sur les rayons des magasins bio et qui, n'étant pas en situation d'assumer pleinement la charge que représentent la traque, la mise à mort, le dépeçage d'être vivants non humains (ni prêt à le faire), a choisi le régime végétarien et l'assume à sa petite échelle.
Cela ne m'empêche pas de ressentir spontanément de la considération pour les propos d'une personne qui semble s'être également impliquée dans un questionnement honnête sur les raisons et conséquences contextuelles de ses choix et actes, qui s'engage intimement dans les pratiques qui lui semblent être les plus pertinentes, s'exposant ainsi pleinement aux contraintes naturelles spécifiques de son territoire de vie.

Nico

Ça urge !

Bonjour à tous·tes,

Je rebondis sur l'article de Loïc Steffan dans le précédent numéro. Enfin ! Enfin on aborde ce sujet qui me brûle, cette dissonance cognitive entre l'image de sobriété connectée avec la nature et la maladie, le handicap, la vieillesse. Je ne trouve la réponse nulle part. Pire : jusque-là, je n'avais trouvé la question nulle part ! Chaque jour, je vais au travail. Chaque jour, j'effectue des soins très techniques, à l'hôpital, milieu artificialisé au possible. Chaque jour, je milite pour en faire quelque chose de plus résilient.

Mais voilà… Le manque de personnel, le manque de moyens, la crise Covid actuelle qui fait tout passer derrière l'urgence. Et quand bien même on serait très sereins, comment faire ralentir ? Comment décider de ne plus dépendre de ces laboratoires qui nous fournissent des techniques, des médicaments ?

On en revient toujours au même… C'est le système qu'il faut changer. J'ai commencé par faire changer mon service, on a mis en place des petites choses, et puis on s'est retrouvés limités, parce qu'on dépendait de plus grand, de l'hôpital en entier. Alors, je me suis positionnée de façon à avoir une influence plus large, en donnant beaucoup de temps et en entrant dans le système. Et je m'aperçois que ça dépend de plus haut, du territoire, de l'ARS. Et me voilà à participer à des forums citoyens, à faire passer des messages à la mairie du coin… Et c'est encore trop petit. C'est encore trop étroit.

C'est notre rapport à la vie-même qu'il faut changer. C'est la prévention très en amont (avant le mal vieillir, avant la solitude, avant les toxiques, avant le tabac, les cancers, les infarctus) que j'aimerais voir arriver. Comment accompagner la naissance (mais en gardant cette technicité qui sauve aujourd'hui des vies), la fin de vie, soulager la douleur, traiter les infections, sans aller trop loin, mais en gardant le choix d'aller très loin, quand on pense qu'on le doit vraiment.

Je vous avoue, je suis un peu perdue. Je tire sur une ficelle qui ne cesse jamais de se dérouler, et au final on en arrive au système et à une grande sensation d'impuissance.

Bon je ne vais pas pour autant lâcher, mais je change de raison. Je continue non plus pour arriver au but, mais parce que ça m'apporte du sens. Je me lève et me bats pour le chemin, pour la joie que m'apportent les petites victoires, pour les belles personnes que je rencontre. Pour les moutons qui vont arriver sur les espaces verts de notre hôpital, nos boîtes à poules, nos mugs au nom de chacun dans le service, pour la toute nouvelle petite honte du directeur quand il débouche une bouteille d'eau en plastique en ma présence, et mon nouveau défi de le voir changer pour une gourde (mais une gourde de chef, hein). Pour le sens que ça redonne à mon travail et qui fait que je continue à m'y épanouir.

Voilà, c'était mon petit témoignage…
Merci de me remettre les pendules à l'heure à chaque saison.
Je vous kiffe.

Maud

Bonjour,
Fidèle à vos premiers numéros et impatient de découvrir les prochains, je vous joins ici une illustration réalisée sur format A5. « Incrustation », feutres, encres, graphite et peintures. Peut-être trouvera-t-elle une place pour agrémenter l'un de vos articles.
Bravo pour votre initiative !

En vous remerciant, Sulian Beaufils

L'arbre mort

Ô toi qui ne verras pas le prochain printemps,
Toi qui ne sentiras pas la sève couler dans tes ramures
Et la chaleur nouvelle réchauffer tes entrailles.
Toi qui, à la rosée du matin, ne frémiras plus.

Toi qui, des années durant, eus des bourgeons sur tes branches,
Cette année, tu n'auras rien, et à jamais ;
Plus une feuille ne poussera sur ta carcasse vide
Et plus un fruit ne mûrira au creux de tes fleurs.

Et ton âme, immobile et froide, restée figée dans l'hiver passé,
Ne s'animera plus au chant des hirondelles.

Adrien

PABLO SERVIGNE

La tentation est forte : « *C'est l'urgence !! Viiite ! Il faut des solutions rapides et à grande échelle ! Il faut absolument convaincre les masses ! Il faut… Il faut… Il faut…* ». Calmons-nous.

Considérons une forêt, par exemple. La catastrophe, c'est l'incendie. Dans ce cas, il y a effectivement urgence : s'organiser pour éteindre l'incendie, vite ! Un objectif précis et limité dans le temps. Freiner la destruction, limiter les dégâts. D'accord.

Mais après l'incendie, quand il s'agit de remettre la forêt sur pied… Peut-on parler d'urgence ? Comment faites-vous renaître une forêt ***rapidement et à grande échelle ?*** Impossible. On ne peut pas tirer sur les feuilles pour les faire grandir, on ne peut pas forcer l'écureuil à disséminer plus de graines qu'il ne le fait déjà (il est syndiqué, malin l'écureuil !). Il y a donc une dissymétrie radicale : les destructions et les effondrements peuvent être rapides et à grande échelle (ça s'appelle une catastrophe), mais les régénérations ne le peuvent pas.

Pourquoi ? Car la forêt n'est pas juste une série de bouts de bois à faire tenir debout. La forêt est un entrelacement complexe de liens entre organismes. Or, il faut du temps pour créer des liens. La complexité (de *com-plexus*, « ce qui est tissé ensemble ») nécessite de porter son attention sur les détails et sur la qualité, et de toujours garder la capacité de se réajuster, éventuellement de reculer pour mieux tourner, etc. Bref, du soin et de la souplesse, quoi ! Une relation d'entraide, par exemple, implique de la réciprocité, c'est-à-dire de la confiance et de l'attention, donc du temps. Cela ne se déclare pas, cela ne s'impose pas, cela ne s'achète pas à coups de millions.

Exactement comme le développement d'un être humain : passer de bébé à adulte prend des décennies, pas trois semaines. Pour grandir et mûrir, l'être humain a besoin d'une infinité d'interactions, d'essais-erreurs, de boucles de rétroaction, d'adaptation à son environnement (des limites et des ressources de celui-ci), etc. Pour une société, c'est pareil. L'un des grands principes de la permaculture (l'art de s'inspirer du vivant pour créer des systèmes, voir l'interview de son co-créateur, David Holmgren, p. 50) est le suivant : *« privilégier les solutions petites et lentes ».*

Pendant longtemps, je n'ai pas compris ce principe. J'étais même contre. Pourquoi petit et lent ? C'est absurde ! On n'a pas le temps ! C'est l'urgence ! On sait ce qu'il faut faire, il suffit de s'y mettre tous ensemble, dans une volonté politique unanime et avec une masse critique, comme un grand plan Marshall, et voilà, le monde est sauvé !

Eh ben non. Dans l'intention, peut-être, on peut s'accorder en masse autour d'un récit commun (et encore, c'est dangereux), mais dans l'action, pas vraiment. L'action rapide et à grande échelle est fondamentalement, ontologiquement, structurellement foireuse.

Des solutions pour l'après ?

Petites et lentes !

Par exemple, lorsqu'on prépare un champ de blé, on sème une seule espèce ou - pire - une seule variété ou - encore pire - un clone. Des millions d'individus identiques, en rangs, semés au même moment ! Soit l'exact contraire d'une forêt. Alors, certes, c'est efficace, contrôlé, rapide et à grande échelle. Certes, on peut passer les machines pour accélérer le processus, on peut faire des « économies d'échelle » (quelle affreuse expression !), on peut avoir l'illusion d'un bon rendement, etc. Ponctuellement.

Mais voilà pourquoi c'est foireux. Essentiellement pour deux raisons. La première est que les solutions grandes et rapides coûtent un max d'énergie. Pendant le temps de la saison de culture du blé, une forêt aura produit beaucoup plus de biomasse… sans autre apport énergétique que le soleil, sans machines, sans pesticides, sans travail et sans déchets. Bim ! Mieux, la forêt aura stocké du carbone et enrichi la biodiversité (des habitats, des ressources et des liens entre les espèces). Encore mieux, elle l'aura fait de manière auto-organisée, sans chef, sans conseil d'administration et sans ingénieur. Alors là, chapeau ! Quant au champ de blé, il aura coûté des énergies fossiles et de l'huile de coude (déforestation, labour, désherbage, produits phyto, etc.), réduit la complexité/biodiversité au minimum, provoqué une érosion des sols et, au pire, exploité des humains, enrichi des actionnaires, produit des gaz à effet de serre, pollué les sols et l'eau, etc. C'est un système au coût énergétique, environnemental et humain… prohibitif.

Et le rendement, direz-vous ? Eh bien, en grains de blé par quantité de surface, c'est bien ; mais en biomasse par quantité d'énergie entrante, c'est archi nul. Le rendement énergétique de l'agriculture industrielle est pire que décroissant, il est négatif : on injecte plus d'énergie dans le système qu'on n'en ressort ! Ça n'a pas de sens ! Ce n'est pas viable, point barre.

La deuxième raison (de pourquoi c'est foireux) est que la vitesse et la grande échelle sont génératrices de catastrophes. Comme le dit David Holmgren, *« plus on est grand, plus on tombe de haut »*. En agissant de la sorte, on ajoute des catastrophes aux catastrophes. Reprenons l'exemple du blé : la présence d'une seule espèce (le blé) crée un grand vide par l'absence de toutes les autres espèces qui auraient pu s'y mettre et de tous les liens qu'elles auraient pu tisser entre elles. Ce vide est une aubaine pour un seul insecte, une bactérie ou un champignon… qui trouve dans ce champ de blé une manne infinie. Pour lui, c'est Byzance ! Bouffe à l'infini, pas de prédateurs : il se répand allègrement. L'homme prend alors peur et le nomme « ravageur » ou « nuisible », c'est-à-dire concurrent (cet imbécile croit que le monde est compétition). Alors il crée des produits *nécro*technologiques pour tuer, tuer, tuer. En masse. Il cherche des *solutions rapides et à grande échelle,* pour massacrer cet « opportuniste inopportun ». Détruire, c'est facile ! Pourquoi réfléchir ? Guerre rapide, efficace, massive. Blitzkrieg. Ɏ

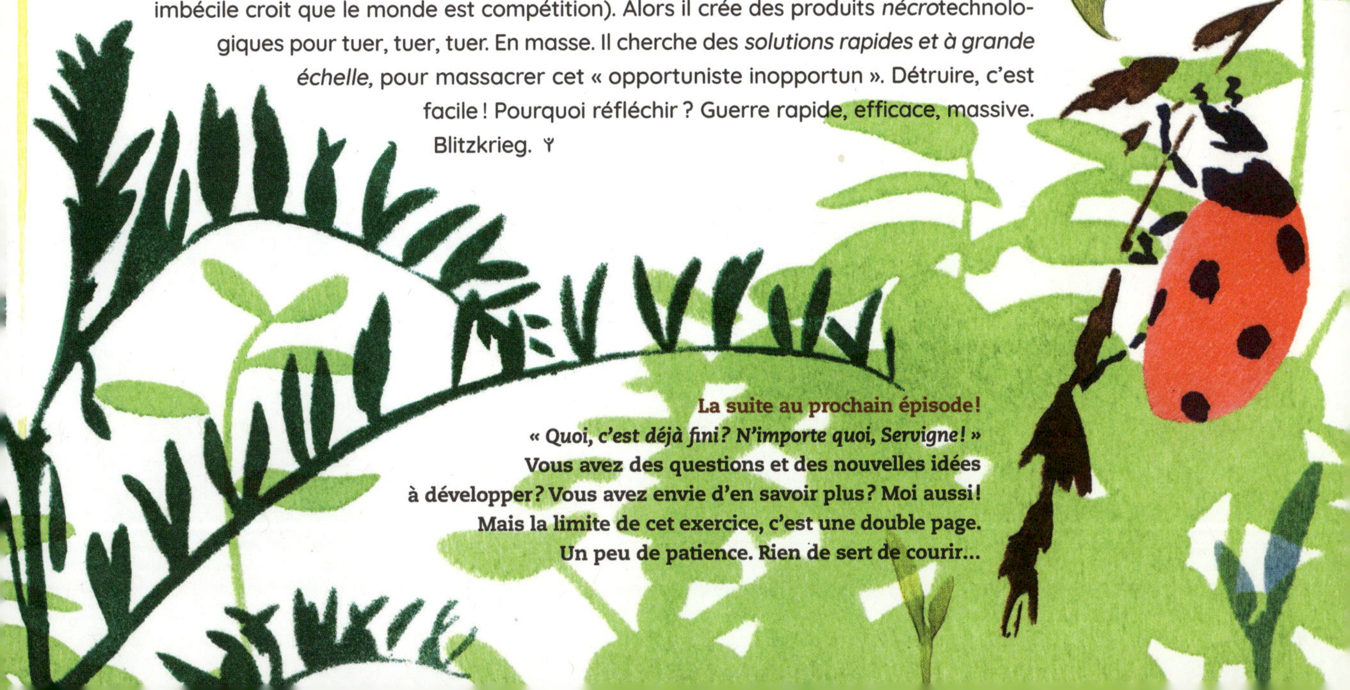

La suite au prochain épisode!
« Quoi, c'est déjà fini? N'importe quoi, Servigne! »
Vous avez des questions et des nouvelles idées à développer? Vous avez envie d'en savoir plus? Moi aussi! Mais la limite de cet exercice, c'est une double page. Un peu de patience. Rien de sert de courir…

À lire, à voir, à écouter

FRANÇOIS CLAPEAU, FLORA CLODIC-TANGUY, RENAUD DUTERME, NICOLAS HAERINGER, ÉRIC LA BLANCHE, MARIANNE LEENART, PABLO SERVIGNE, NIKITA SMITH

Nous partageons ici quelques pépites qui font sens pour nous et probablement pour l'époque, et qui touchent aux thèmes de l'effondrement, du renouveau, en explorant de nouvelles voies intérieures (spirituelles, artistiques, psychologiques) et extérieures (organisation, politique, luttes). Pour les fictions, nous avons à cœur de déceler celles qui font l'effort de voir au-delà des clichés *post-apo*. Le choix est forcément frustrant et incomplet. Alors, envie de critiquer/commenter/recenser/encenser? Écrivez-nous.

Nouveau [roman noir]

Fin de siècle

Et si la fin du siècle nous surprenait ? Ici, le pari est audacieux : des mégalodons venus du fond des âges ont envahi les océans, et la férocité de ces requins géants, capables de broyer la double coque d'un tanker, a anéanti tous les échanges commerciaux entre les continents.
Seule la mer Méditerranée est sécurisée : c'est une ZBSF, une zone « big shark free ». Elle a été vidée de ses monstres après une traque sans pitié, à l'aide de navires de guerre et de dynamite. Des herses monumentales, plongées dans le détroit de Gibraltar et le canal de Suez, la protègent désormais.
Une fois ce surprenant décor planté, à travers des récits romanesques, drôles et pleins de rebondissements, Sébastien Gendron nous ramène peu à peu vers des concepts pas si loufoques.
Il y a du positif : on ne déplore plus jamais de marées noires, et la Libye est entièrement pacifiée. Mais les rives de la Méditerranée sont désormais uniquement peuplées de propriétaires richissimes, qui en ont fait un bassin privé pour leurs yachts, au détriment du reste du monde. Et on retrouve des comportements immuables : pendant que la princesse de Monaco rêve d'exposer un mégalodon dans un aquarium de son musée océanographique, le fonds de pension canadien qui vient de reprendre la gestion des herses cherche à faire des économies, il rogne sur la maintenance et sur la sécurité... Quand les requins géants parviennent évidemment à tordre leurs barreaux de titane pour rejoindre la Méditerranée et croquer les premiers baigneurs, ce qui faisait l'excentricité de ce roman noir résonne étrangement avec notre insouciance ou nos préoccupations bien réelles : « *Ce qui fut un jour le berceau de l'humanité ressemble désormais à une géante table d'apéro pleine de Knacki Balls toutes chaudes qui s'agitent en surface. Les invités sont déjà là depuis un petit moment, et ils ont commencé à piocher dans les ramequins. Mais, pour l'heure du moins, tout le monde s'en fout.* » FC

Sébastien Gendron, *Fin de siècle*, Gallimard, 2020

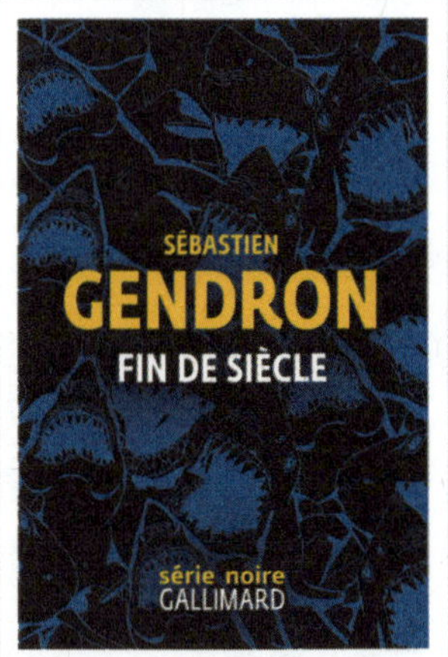

Fiction

Nouveau [roman]

Et toujours les Forêts

C'est une fin du monde radicale. Le roman ne la montre pas, et on n'en sait pas grand-chose ; c'est ce qui la rend encore plus terrifiante. Tempête solaire, catastrophe nucléaire, éruption volcanique ?
Lorsqu'elle survient, le lecteur est aussi aveugle que le personnage principal est saoul, terré avec ses amis au fond des catacombes de « la grande ville » où il cherchait une forme d'évasion.
Pourtant, quand Corentin ressort enfin, tout a vraiment disparu. Les paysages sont dévastés, les humains que le hasard n'avait pas placés à l'abri de murs épais sont morts. Il n'a plus qu'à quitter la ville pour marcher vers un refuge : la maison de son arrière-grand-mère, perdue dans un hameau rural et isolé : les Forêts.
Au-delà des paysages et des êtres saturés de désolation, la profondeur du livre vient surtout d'une tension lancinante. Elle est d'abord discrète, avec le trouble de l'absence : le monde s'est en allé, il n'y a plus de vie, il n'y a plus de sens. Viennent ensuite les émotions ambiguës des premières rencontres : un petit chiot aveugle qui doit lutter parmi ses frères assassinés pour simplement exister, puis une amie d'enfance qui ravive d'abord une tendresse nostalgique, avant d'inspirer des actes plus honteux.
Enfin, la violence froide des derniers humains apparaît. Le livre pose alors des questions qui nous hantent : si la Terre vivait un grand redémarrage, la barbarie serait-elle plus forte que la solidarité ? Les survivants sont-ils forcément des monstres ou des victimes ?
Mais dans ce chaos sombre et silencieux, il reste aussi l'espoir d'un ailleurs, l'espoir d'un après. Ce mirage qui envoie Corentin sur la route, à travers des forêts qui peut-être un jour pourront renaître. FC

Sandrine Collette, *Et toujours les Forêts*, JC Lattès, 2020

Nouveau [BD]

Happy end

J'avoue que je craignais le pire. Lorsque j'ai vu la couverture, j'ai pensé qu'il s'agissait d'une énième BD post-apo hyper glauque avec des gens normaux qui finissent par s'entretuer comme des cons. Il y en a tellement, ces derniers temps…
Heureusement, celle-ci sort du lot ! On m'avait prévenu : *« Tu verras, ça parle d'entraide, c'est vraiment bien, pour une fois. »* J'étais sceptique, car il n'est pas facile de mettre en scène l'entraide lorsque la peur viscérale envahit le scénario (elle prend toute la place, comme dans la série *L'Effondrement* du collectif Les Parasites, diffusée sur Canal+).
Ici, on suit la vie de Mollie, une jeune ado qui croit sérieusement à des possibilités d'effondrement social… mais sa famille n'y accorde pas vraiment de crédit. Délire d'ado. Elle n'a pas l'âge d'être crue. Dommage, parce que ça arrive ! Dans ce *road movie* à l'histoire assez classique (que ferait une famille lambda dans ce cas là ?), oh ! surprise… rien ne se passe comme on s'y attendrait (nous, les habitués des films post-apo bêtes et méchants). Eh ben, vous savez quoi ? Ça fait du bien. Merci les gars ! Chapeau ! PS

Olivier Jouvray & Benjamin Jurdic, *Happy end*, Le Lombard, 2021

Fiction

Nouveau [roman]

Là où le feu et l'ours

Corinne Morel-Darleux publie son premier roman jeunesse, dans lequel elle nous invite à suivre les pas de Violette, une jeune femme amnésique, et Têtard, l'ourson qu'elle a recueilli et avec lequel elle parcourt une steppe aride, austère et souvent dangereuse. Ce territoire n'est pas vierge ; on y découvre des habitant·e·s, humain·e·s ou non. Violette, Têtard et leurs compagnons partagent leur chemin jusqu'à une Oasis, où elle s'installera, non sans poursuivre son errance – intérieure et, sans doute, spirituelle. Tout au long du chemin, l'auteur donne à voir ce que peut signifier la « dignité du présent », qui était au cœur de son superbe essai *Plutôt couler en beauté que flotter sans grâce* (Libertalia, 2019). La force du récit vient notamment du fait que « tout est vrai » dans ce livre – ce que Corinne Morel-Darleux explique longuement dans le glossaire de l'ouvrage. Certains éléments de « vérité » sont évidents (le comportement de l'ourson, le réchauffement climatique), d'autres donnent une vraie ampleur au récit (les femmes du Rojava, où l'autrice se rend fréquemment, inspirent les « Mères savantes » de l'Oasis). Ainsi, Corinne Morel-Darleux propose une exploration sensible et touchante de la manière dont nous pourrions parvenir à flotter sans jamais renoncer à la beauté. NH

Corinne Morel-Darleux, *Là où le feu et l'ours*, Libertalia, 2021

Nouveau [roman]

Impact

C'est l'histoire d'un ex-militaire qui, soudain atterré par ce que la civilisation thermo-industrielle fait au monde (et à sa fille), entre irrémissiblement en écologie. Assez énergique, il ne choisit pas de s'inscrire à un stage de permaculture, mais décide plutôt d'aller taper directement là où sont les premiers responsables et où il aura le maximum d'impact médiatique : il se lance – avec beaucoup de brio – dans l'enlèvement de personnalités de grands groupes industriels pollueurs, qu'il enferme ensuite dans leur propre piège. Bref, il devient écoterroriste.

Impact, le dernier thriller d'Olivier Norek, entame sur les chapeaux de roues une course folle et imprévisible dont le rythme nerveux et le style ultra-sec ne connaîtront plus de pause : les flics se cassent les dents, le gouvernement tremble, les médias s'enflamment et l'opinion frémit. En tentant de percer les motivations (franchement, c'est assez facile) et la personnalité de l'ennemi public n° 1, les héros, un flic et une psychologue neurodifférente, se retrouvent bientôt à flirter dangereusement avec la collapsologie. Nous voilà plongés dans une histoire à fronts renversés où l'on n'a pas envie que les gentils attrapent le méchant : on voudrait bien qu'il botte le cul à un ou deux salopards supplémentaires et qu'il sauve la planète à lui tout seul. C'est jouissif, vengeur et engagé, écrit par un ex-flic passé à la littérature qui juge utile de préciser que « les propos de l'assassin n'engagent que lui », au cas où on l'accuserait de l'avoir rendu un peu trop « engageant », justement. Ce serait dommage de se retrouver accusé d'apologie du terrorisme. ELB

Olivier Norek, *Impact*, Michel Lafon, 2020

Réalité

Nouveau [essai graphique]

L'Écoféminisme en questions

Journaliste, écrivaine, réalisatrice et même « guide de bains de forêt » (mais oui), Pascale d'Erm est l'une des voix de l'écoféminisme en France. Son livre *Sœurs en écologie* (La Mer Salée, 2017), qui dépeint une galerie de justicières de la terre, a participé au grand boom littéraire de l'écoféminisme.

Pascale continue son effort de pédagogie, cette fois avec un essai graphique réalisé avec la talentueuse illustratrice Anna Maria Riccobono. C'est beau et simple, pur et puissant. On y rencontre les grandes figures de ce courant de contestation radicale qui lie l'oppression des femmes et celle de la nature, né dans les années 1970 sous l'impulsion des militantes anti-nucléaires du monde anglo-saxon, comme la sorcière néopaïenne Starhawk ou les activistes indiennes du Chipko Andolan (le mouvement de l'étreinte), dont Vandana Shiva est devenue l'incarnation emblématique.

Le livre fait honneur à chaque page à cette diversité foisonnante, artistique, poétique, politique : il serait plus juste de parler des écoféminismes au pluriel (spirituel, queer...), avec comme point commun l'éthique du « care », et comme étendards la détermination et l'émerveillement. Quelles sont les valeurs clés des écoféministes ? Comment utiliser la magie en politique ? Qu'apporte l'écoféminisme à la politique ? L'écoféministe est-il émancipateur pour les femmes ? L'écoféminisme est-il aussi pour les hommes ? Autant de réponses à mettre entre toutes les mains de celles et ceux qui luttent contre « les valeurs du patriarcat capitaliste », y compris à l'intérieur d'eux-mêmes... FCT

Pascale d'Erm, Anna Maria Riccobono, *L'Écoféminisme en questions, Un nouveau regard sur le monde,* La Plage, 2021

Nouveau [essai]

Du bon usage des crises

« J'ai gagné la certitude, en cours de route, que les catastrophes sont là pour nous éviter le pire. Et le pire, comment pourrais-je exprimer ce qu'est le pire ? Le pire, c'est bel et bien d'avoir traversé la vie sans naufrages, d'être resté à la surface des choses, d'avoir dansé au bal des ombres, d'avoir pataugé dans ce marécage des on-dit, des apparences, de n'avoir jamais été précipité dans une autre dimension. »

Dans ce recueil lumineux, Christiane Singer nous offre une vision initiatique et philosophique capable de redonner du sens aux crises. Mais il est de ces livres impossibles à résumer tant leur contenu vous touche et court-circuite votre cerveau. Avec ardeur, ferveur, sagesse, passion... La plume vibrante de cette écrivaine hors du commun nous embarque dans un profond voyage intérieur. À déconseiller aux lecteurs en quête de solutions pratico-pratiques ; ici, la dimension spirituelle et la poésie des mots règnent en maîtres, la question l'emporte sur la réponse. On ressort de cette lecture sans chemin tout tracé, bien ébouriffé et reconnecté à « plus grand que soi », comme souvent avec cette grande écrivaine. Un livre vivant, brûlant. À déguster par temps de catastrophes. ML

Christiane Singer, *Du bon usage des crises,* réédition Albin Michel, 2001

Réalité

Nouveau [essai]

Les ingénieurs du chaos

Si c'était un roman, il s'agirait d'une dystopie, un récit de fiction dans une société utopique et sombre. Mais c'est bien le monde actuel que décrypte Giuliano da Empoli, essayiste et homme politique italien. Trump, Salvini, Orban, Netanyahu… Ces personnalités pas vraiment écolos ont pris le pouvoir en modifiant brutalement et profondément les codes de la politique. Les mécanismes qui ont fait leur succès doivent nous interpeller.

D'autres noms, moins connus mais tout aussi influents, apparaissent alors : Bannon, Breitbart, Casaleggio, Cummings, Finkelstein… Des penseurs qui ont permis à ces leaders d'émerger en misant sur leurs personnalités clivantes, mais aussi en utilisant la puissance d'Internet.

D'abord, il y a l'exploitation d'une colère inédite : « *Sur les réseaux sociaux, nous sommes tous des adolescents enfermés dans nos chambrettes où s'accroît la frustration due à l'écart grandissant entre la médiocrité de notre vie et tous les possibles qui s'offrent virtuellement à nous.* »

Cette rage est ensuite incarnée par des personnalités nouvelles. Leur absence d'expérience prouve qu'elles ne sont pas corrompues, et leur incompétence devient un gage d'authenticité. Les « ingénieurs du chaos » attisent à travers elles une envie d'humilier les puissants. On n'encourage plus la réflexion, on appuie au contraire sur des émotions simples et fortes, nourries par la diffusion d'infox aux échos retentissants.

Toujours grâce aux réseaux sociaux, on explore précisément l'humeur de chacun, on envoie des messages ciblés pour la flatter et on observe les réactions pour mieux s'y adapter.

Pour l'auteur, « *si par le passé le jeu politique consistait à mettre au point un message qui unissait, aujourd'hui il s'agit de désunir de la manière la plus éclatante possible. Pour conquérir une majorité, il ne faut plus converger vers le centre, mais additionner les extrêmes.* »

Comment appréhender ce phénomène quand il s'agit de défendre le vivant ? Peut-on le maîtriser pour mieux le combattre ? Doit-on s'en inspirer pour mobiliser ? Il semble en tout cas urgent de prendre conscience de cette nouvelle donne, qui entre en contradiction avec les valeurs d'humilité et de résilience. FC

Giuliano da Empoli, *Les Ingénieurs du chaos*, JC Lattès, 2019

Nouveau [essai]

Comment l'Empire romain s'est effondré

C'est une somme imposante de 544 pages (dont 112 de notes et de références) écrite par l'un des spécialistes les plus respectés de la Rome antique, Kyle Harper, professeur d'histoire à l'université d'Oklahoma (États-Unis).

Depuis des siècles, les historiens avancent des dizaines d'explications possibles de la chute de l'Empire romain : les barbares, la décadence, les vices, le gigantisme, la désorganisation politique et militaire, les vagues migratoires successives, etc. Dans ce livre, Harper en ajoute deux nouvelles, et non des moindres : le changement climatique et des épidémies (peste).

Pour l'historien, « *l'essor et la chute de Rome nous rappellent que l'histoire des civilisations est encore et toujours le déroulement d'un drame environnemental.* »

Il faut ici rappeler que le livre est paru avant la pandémie de Covid-19 ! Comment donc ne pas prendre ça pour un avertissement ? PS

Kyle Harper, *Comment l'Empire romain s'est effondré*, La Découverte, 2019
Préface (remarquable) de l'historien Benoît Rossignol

Nouveau [essai]

Homo Domesticus

Quelles forces ont poussé des populations nomades à adopter un mode de vie sédentaire (et une économie agricole) ? Cette question vieille comme l'histoire n'a pas fini de faire couler de l'encre. L'anthropologue étasunien James Scott, dans un livre récemment publié, apporte un nouveau regard sur cette question… et sur nos préjugés.
Voici sa thèse : la sédentarisation serait, dans la plupart des cas, le fruit de nouveaux rapports de domination. Selon lui, c'est la culture des céréales qui aurait encouragé la mise en place d'une nouvelle organisation, plus coercitive et plus institutionnelle. En d'autres termes, un embryon d'État est rendu possible par le fait que les céréales sont adaptées à la concentration de la production, au prélèvement fiscal, au stockage, au transport et au rationnement. Voilà qui expliquerait pourquoi ce type d'autorité centralisée a émergé principalement dans les zones propices à la culture céréalière.
Pour Scott, le passage à une économie agricole fut avant tout provoquée par l'intégration forcée de populations à des régimes d'exploitation, ce qui serait encore attesté par le fait que les premiers États ont émergé dans des endroits entourés de déserts, décourageant la fuite de populations exploitées… A contrario, les milieux avec une plus grande diversité de moyens de subsistance (tels que les deltas) se sont révélés moins propices à l'émergence de l'État, en raison de la possibilité pour les populations de se nourrir sans l'aide des autorités.
Scott poursuit sa logique en proposant également un regard original sur l'effondrement des civilisations antiques. Selon lui, les effondrements n'étaient pas nécessairement une mauvaise chose, en ce sens que l'écroulement de structures coercitives et esclavagistes signifiaient souvent la fin d'une existence d'exploitation pour les populations concernées. Si ces effondrements sont perçus encore aujourd'hui comme des désastres, c'est avant tout parce que les sources et témoignages qui nous sont parvenus étaient l'apanage des classes dominantes et lettrées.
Ce raisonnement, guère étonnant au regard des sensibilités anarchistes de Scott, a le mérite de bousculer nombre de nos certitudes… Stimulant ! RD

James C. Scott, *Homo Domesticus*, La Découverte, 2019

Nouveau [récit]

La Vie dans les bois

La romancière et journaliste Jennifer Murzeau décide de quitter la ville quelques jours. Direction le sauvage, les feux de bois et la vie à la belle étoile, pour « se reconnecter » à la nature. Dans une écriture fluide, belle et simple, et avec humour, l'autrice raconte ses mésaventures, ses joies, mais surtout ses pensées sur l'écologie, la consommation, l'effondrement… Sorte de mini Walden foireux et assumé, très authentique. Le personnage du guide de survie (qui est son exact opposé) rend la lecture (et l'expérience !) cocasse. Au final, elle aura goûté à quelques jours sans civilisation, une toute première étape, pas forcément nécessaire, et pas du tout suffisante, pour retrouver le sauvage et en finir avec notre civilisation. La leçon ? Ça ne s'improvise pas, ce n'est pas facile, et ça ne se fait pas tout seul. PS

Jennifer Murzeau, *La Vie dans les bois*, Allary Éditions, 2019 (Pocket, 2020)

À signaler

Nouveau [essai]
Les Collapsologues et leurs ennemis

La collapsologie a essuyé beaucoup de critiques depuis sa forte médiatisation (2018). Une dizaine d'arguments reviennent en boucle (irrationalité, secte, apolitique, etc.). Le politologue Bruno Villalba répond à ces critiques de manière argumentée et convaincante, dévoilant leurs faiblesses… mais aussi les vraies lacunes de la collapsologie. Bilan très utile !

Bruno Villalba, *Les Collapsologues et leurs ennemis*, Le Pommier, 2021

Nouveau [essai]
La Vallée de l'abeille noire

Éloge de l'abeille noire, la plus sauvage des abeilles domestiques… rustique, frugale, vive et réactive. Voilà pourquoi elle survit encore dans une vallée des Cévennes, alors que partout ailleurs, elle meurt. Passionnant, érudit, poétique et finement illustré. Un régal.

Yves Élie, *La Vallée de l'abeille noire*, Actes Sud, 2021

Nouveau [essai]
Tout tourne rond sur cette Terre, nous sommes les seuls à l'ignorer

Immense livre écosystémique (tous les chapitres sont interconnectés) qui décrit les principes du vivant appliqués à tous les aspects de la vie (agriculture, éducation, organisation, etc.). Marine Simon s'appuie sur sa longue expérience (de facilitatrice en intelligence collective) et sur 13 contributeurs. Comme un jardin : riche et foisonnant… et forcément fouillis.

Marine Simon, *Tout tourne rond sur cette Terre, nous sommes les seuls à l'ignorer*, Yves Michel, 2021

Nouveau [essai]
Phonegate

Révélation par l'un des acteurs clés (et lanceur d'alerte) d'un grand nouveau scandale sanitaire, semblable au Dieselgate : les constructeurs de téléphone nous auraient menti sur les seuils de toxicité des ondes électromagnétiques émises par nos téléphones. Avec 5 milliards d'utilisateurs, ça craint…

Dr Marc Arazi, *Phonegate*, Massot, 2020

Nouveau [essai]
Stop aux réseaux sociaux

Le sous-titre est clair : 10 bonnes raisons de s'en méfier et de s'en libérer. Écrit de manière sympathique et éclairante par un informaticien rebelle de la Silicon Valley. Alors, on les quitte, ces réseaux asociaux ?

Jaron Lanier, *Stop aux réseaux sociaux*, De Boeck, 2020

Nouveau [essai]
5G, mauvaises ondes

Résumé intéressant et complet de la controverse autour de la 5G. Je n'ai pas lu les autres livres, je ne peux donc pas comparer, mais celui-ci est sacrément documenté. Ça calme. Ou plutôt, ça énerve !

Antoine Dreyfus, *5G, mauvaises ondes*, Massot, 2021

Quelques nouveautés,
chouettes, indispensables et marquantes,
qu'il faudra un jour ou l'autre
commenter plus en détail ! Pablo

Nouveaux [essais]

Penser les catastrophes avec Wildproject

Les Éditions Wildproject font un boulot extraordinaire depuis leur création, en 2008. Leur collection « Petite bibliothèque d'écologie populaire », animée par Baptiste Lanaspeze et Marin Schaffner, offre des petits livres très pertinents. En voici trois, qui permettent d'appréhender notre époque catastrophique… de manière constructive.
Dans un court entretien, la grande philosophe Isabelle Stengers, jamais avare en bonnes idées, nous expose clairement (ce qui n'est pas coutume) sa pensée rhizomatique. Au passage, la postface est très belle.
Dans un scénario prospectif de l'Île-de-France en 2050 (version courte de l'étude en ligne « Biorégion 2050 »), on découvre un grand Paris post-effondrement… viable, sobre et résilient, et donc plutôt désirable ! Le scénario est suivi d'une discussion sur le concept de « biorégion », qui lui-même est abordé d'une autre manière dans un troisième petit livre très curieux : un entretien de l'architecte Mathias Rollot, suivi d'un quizz, d'études de cas… et d'une bibliothèque !
La biorégion, c'est un concept qui nous reconnecte à notre territoire, qui nous fait redevenir terrestres. Quand la collapso s'intéresse à la vie et à la suite… ça le fait.

Isabelle Stengers, *Résister au désastre*, Wildproject, 2019. Postface d'Émilie Hache

Agnès Sinaï, Yves Cochet & Benoît Thévard, *Le Grand Paris après l'effondrement, Pistes pour une Île-de-France biorégionale*, Wildproject, 2020

Mathias Rollot & Marin Schaffner, *Qu'est-ce qu'une biorégion ?*, Wildproject, 2021

Nouveau [récit d'investigation]

À la poursuite du Thunder

Palpitante et passionnante enquête menée par deux grands journalistes norvégiens, qui commence à bord d'un navire poursuivant durant 15 000 km, en Antarctique, un autre navire accusé de braconnage. Véritable thriller, on y découvre un réseau mondial de criminalité, mais surtout Sea Shepherd, cette ONG de gentils pirates énervés qui pourchassent les méchants pirates tueurs de phoques et de baleines.

Eskil Engdal & Kjetil Sæter, *À la poursuite du Thunder*, Actes Sud, 2020

Nouveau [essai]

Nous ne sommes pas seuls

Ce livre est grand. Non pas par sa taille, mais pas son ambition : tracer les contours d'une politique incluant les non-humains (une « polytique » dirait Alain Damasio). Comment faire des autres espèces des alliées dans les luttes, sans pour autant effacer leurs propres identités ? Comment ouvrir l'écologie politique aux autres espèces ? Les propos du livre sont denses, très « philo », et l'architecture complexe, mais ça vaut le coup de s'accrocher. Merci Léna et Antoine pour l'effort considérable ! À suivre…

Léna Balaud & Antoine Chopot, *Nous ne sommes pas seuls*, Le Seuil, 2021

Nouveau [essai]

Reprendre la Terre aux machines

Malgré le développement des niches que sont l'agroécologie et la bio, l'industrialisation de l'agriculture continue ses ravages. Il est donc grand temps de passer à la vitesse supérieure, de passer à l'offensive, de reprendre les terres. C'est ce que propose L'Atelier Paysan (la plateforme francophone des technologies paysannes et mouvements paysans et agricoles alternatifs) avec cet essai politique courageux, construit et argumenté. Le début d'un grand mouvement ? Il le faut ! À suivre.

L'atelier paysan, *Reprendre la Terre aux machines*, Le Seuil, 2021. latelierpaysan.org

Réalité

Nouveau [mini-série radio]
L'Effondrement et moi

La compréhension émotionnelle et intellectuelle de la notion d'effondrement nous amène à traverser différentes phases – de questionnement, d'angoisses, de peurs, de doutes et même de confiance.
Karine Leloet, anciennement rédactrice en chef du magazine *Terra Eco*, a eu un choc lors de la canicule en 2020. Les 42 °C atteints à Paris lui font prendre conscience de la réalité du dérèglement climatique. S'ensuivent l'angoisse d'une possible fin du monde, une panique paralysante pour le futur de ses enfants et des milliers de questions qui tournent en boucle...
Karine part à la rencontre de ceux et celles qui s'activent seul·e·s ou en collectif, des personnes découragées ou pleines d'espoir, certaines qui veulent s'armer, d'autres qui veulent semer.
On plonge dans une véritable aventure sonore, tantôt dans une famille écolo à *Ënde Gelande* (blocage de la mine de charbon en Allemagne), tantôt à table avec un survivaliste...
Peu importe l'étape où l'on se situe dans la prise de conscience de la notion d'effondrement, ces témoignages nous rassurent ou nous interrogent de nouveau.
Ça fait du bien de ne pas se sentir seuls ! NS

***L'Effondrement et moi*, une série documentaire en quatre épisodes de l'émission *Les pieds sur terre*, sur France Culture, 2020**

Nouveau [essai]
Full Spectrum Resistance

Si vous êtes en colère contre les oppressions, mais que vous pensez que l'activisme ne mène à rien... Si vous êtes fatigué par les marches et les pétitions... Alors, ces deux livres vous intéresseront.
Dans ce manuel de terrain pour les insurrections, le cofondateur de l'organisation écologiste Deep Green Resistance (DGR, en 2011), Aric McBay, commence son monumental ouvrage par ces mots :
« J'ai écrit ce livre parce que nous perdons. »
On trouvera dans ces deux volumes presque tout ce qu'on doit savoir sur les mouvements de lutte et de résistance, des Suffragettes aux Black Panthers, de Nelson Mandela à Gay Liberation. Les mouvements les plus efficaces de l'histoire y sont analysés de manière précise, documentée, réfléchie, sobre, sans dogmes. C'est du sérieux.
Le livre donne du carburant pour réactiver les conflits et les luttes. Violentes ou non-violentes ? Pour McBay, là n'est pas la question, car il cherche toujours la complémentarité, la diversité de tactiques, les bonnes stratégies (ce qu'il nomme Full Spectrum Resistance). Les mouvements auront peut-être besoin de guérilleros et de saboteurs, mais aussi d'avocats, de médecins, d'artistes, de comptables et de gardes d'enfants.
« L'harmonie tactique n'arrivera pas en supprimant toutes les tactiques militantes au profit du plus petit dénominateur commun (comme les marches pour le climat), mais en développant des stratégies ensemble, de façon solidaire, en encourageant l'activisme à s'adapter à la situation. » Il faut saluer ici le formidable effort de traduction des éditions Libre, et de toutes les personnes qui ont aidé au financement participatif Ulule. Indispensable, même si on n'est pas d'accord avec tout ! PS

Aric McBay, *Full Spectrum Resistance, Tome 1 & 2*, Éditions Libre, 2020-2021

Presse
(zoom sur deux alliés)

**La presse papier se porte mal, paraît-il.
Cette mini-rubrique fait un petit zoom sur des magazines ou publications indépendantes qui nous semblent excellentes et indispensables.**

Dard/Dard

Quatre ans après *Nectart,* revue consacrée aux mutations culturelles et numériques, les éditions de l'Attribut (Toulouse) lancent en 2019 le magazine *Dard Dard,* consacré au thème de la Transition. Petit format, couverture couleur mais intérieur en bichromie assez sobre, 164 pages, ce semestriel tiré à 12 000 exemplaires se consacre au fond, avec des articles longs, des récits sensibles, des débats, des controverses, des analyses critiques, des portraits de « hérauts en transition », des reportages sur des communes ou des interviews croisées (Boris Cyrulnik/Damien Carème, Bruno Latour/Corine Lepage, Geneviève Azam/Dominique Bourg, etc.). Le jeune magazine ne se place pas en lanceur d'alerte, mais explore et tente d'expliquer « la transition », cette grande métamorphose que nous tentons désespérément de contrôler mais qui, il faut l'avouer, nous dépasse. D'ailleurs, le mot « transition » est-il encore valable ? Pas sûr. Peu importe, les initiatives sont là, et les idées ne manquent pas. L'équipe se fout un peu qu'on parle d'effondrement, de transition, d'écologie ou de décroissance, il s'agit d'aller « découvrir les initiatives de résilience, d'entraide et d'éthique écologique », dans le monde politique aussi bien associatif qu'entrepreneurial. Pas sûr que ça fasse rêver, mais c'est sérieux, instructif et... plutôt rassurant. PS

Magazine *Dard Dard,* semestriel (parution au printemps et à l'automne), 164 pages. Disponible en librairie, en kiosque ou sur abonnement, sur leur site ou sur Cairn.info

La Hulotte

De belles illustrations, de l'humour, une grande rigueur scientifique... C'est un monument de la revue papier ! Créée en 1972 par Pierre Déom, instituteur de la campagne ardennaise, cette petite revue « irrégulomadaire » est toujours vivante ! Surprise, c'est Pierre Déom en personne qui nous en parle. Il suffit de suivre son personnage Adrien Desfossés et de tourner la page...

La Hulotte, « la revue qui vous raconte la vie des animaux sauvages, des arbres et des fleurs d'Europe », et surtout « le journal le plus lu dans les terriers », a été créée il y a près de 50 ans par Pierre Déom. À 72 ans, il en est toujours le rédacteur-dessinateur, entouré d'une équipe enthousiaste d'une petite dizaine de personnes. 140 000 abonnés (un ovni dans la presse française) et plusieurs générations nourries par ses dessins naturalistes et humoristiques, accompagnés de textes d'une grande rigueur scientifique à destination des enfants. Nous sommes nombreux à être de grands fans, à la rédaction d'*Yggdrasil !* Entretien avec ce semeur de graines d'écologistes…

Entretien avec…

CLÉMENCE CORRÉ SAINT-JOURS
ILLUSTRATIONS PIERRE DÉOM-LA HULOTTE

pierre DÉOM

LE GRAND-DUC DE LA HULOTTE

CLÉMENCE CORRÉ
Les abonnés de *La Hulotte* ont souvent les yeux pétillants à l'évocation de cette véritable petite encyclopédie; ils ressemblent alors à de grands enfants passionnés. Certains partagent des anecdotes de leur enfance liées à la lecture de la revue, et beaucoup bavardent gaiement en se remémorant des histoires. Il est rare de croiser des lecteurs de magazine aussi joyeux. Quels sont les ingrédients magiques?

PIERRE DÉOM
J'ai rencontré assez tardivement la nature, elle ne m'intéressait pas du tout avant l'âge de 17 ans. À partir du moment où j'ai découvert la richesse, la variété, l'intérêt extraordinaire des animaux et ensuite des plantes, tout en réalisant en même temps que tout cela était extrêmement menacé, j'ai voulu absolument faire connaître aux enfants toute cette richesse, toute cette beauté qu'il y avait autour d'eux. Et pour ne pas faire un cours de sciences naturelles barbant, j'ai essayé de faire entrer de l'humour.

Un nouveau numéro, c'est avant tout un coup de cœur. Je vais avoir envie de parler d'un animal ou d'une plante pour des raisons pas très rationnelles. Ce qui m'intéresse, c'est, à partir d'une chose semblant simple, voire simpliste, de montrer la complexité de la vie.

Lorsque j'ai choisi la cardère, c'est parce que je la trouvais très belle, j'avais envie de la dessiner. Quand j'ai décidé de parler du moineau, c'était pour boucher un trou : je ne savais pas trop quoi prendre. Je suis donc parti à la recherche de documentation, et là, je suis tombé sur une masse d'informations énorme ! Au bout du compte, je me suis retrouvé avec deux numéros complets [les derniers parus, ndlr].

D'autres fois, j'ai eu beaucoup de mal à réunir des informations. Ça a été le cas de la taupe. Elle m'intéressait, mais je n'avais pas de documentation iconographique. J'ai mis le sujet en attente, en me disant que certainement je n'arriverais jamais à le faire, parce qu'une fois que j'avais dessiné une taupe vue de face, vue de dessus et un gros plan sur sa patte, c'était terminé... À ce moment-là, je suis tombé sur un film qui avait été tourné par des Anglais avec une caméra endoscopique glissée dans les terriers. On voyait la vie de la taupe dans son terrier, sa façon de chasser, comme si on était transformé en un bonhomme minuscule. Et j'ai pu enfin faire le numéro !

Ça se passe souvent en accordéon, certains sujets peuvent traîner pendant des années. C'est le cas des « Petits mystères des grands bois » : je n'avais pas d'images et pas d'explications, c'est simplement en marchant à travers bois que j'ai vu ces arbres étonnants, extraordinaires, inexplicables ! Je les ai trouvés beaux, puis je me suis demandé : « *Qu'est-ce qui fait que ces arbres ont ces formes-là ?* » J'ai pris des milliers de photos et essayé de comprendre ce qui se passait. Ça m'a pris près de 15 ans !

Chaque numéro connaît une difficulté plus ou moins grande. Quelquefois, c'est l'image ; d'autres fois, la documentation. Il n'y a pas deux numéros qui se ressemblent.

CCSJ • La revue, née en 1972, est profondément engagée en écologie depuis ses débuts. Le discours y est éminemment politique. Avez-vous eu des difficultés à la suite de certaines parutions ?

P • Ah, le numéro sur la sarcelle, oh là là ! Ça a été un déchaînement incroyable ! On a reçu des désabonnements, plus de 100 lettres de protestation documentées. Je m'y attendais, mais tout de même pas que ce soit aussi... massif. J'avais donc fait très attention à ce que la documentation soit imparable, et même parfois pêchée dans les revues de chasse. J'ai répondu à toutes ces lettres, ça m'a pris un certain temps. Je me souviens de ces histoires de chasseurs qui vont chasser le canard de nuit et qui finalement tirent sur des sangliers ! Ils nous racontaient, à l'époque, qu'ils voyaient très bien de nuit, ils arrivaient même à reconnaître les espèces, le sexe, etc. C'était incroyable, l'acuité visuelle qui leur permettait de discerner les moindres détails de ces oiseaux !
Et puis, quand on a relié l'opération « Nous voulons des coquelicots », là aussi, on a reçu des lettres d'engueulade de la part d'agriculteurs.

CCSJ • Comment trouvez-vous cet équilibre entre le contenu accessible aux enfants et la rigueur scientifique nourrissant l'esprit de naturaliste pointu ?

P • Je pars d'un brouillon assez sec, où je rassemble toutes les informations factuelles que nous avons réussi à récupérer de tous les travaux scientifiques que nous avons lus, et qui sont quelquefois contradictoires. Nous faisons d'abord une compilation et traduisons certaines publications, car elles sont parfois en langue étrangère. Cela finit par constituer un « cahier » qui fait parfois 400 ou 500 pages !

À partir de ce moment-là, nous sommes en mesure de réaliser une première concentration de textes, pour arriver à 40 ou 60 pages scientifiques sourcées, c'est-à-dire que chaque information renvoie à un cahier documentaire d'où nous l'avons tirée. Comme un numéro met six mois à un an à être réalisé, à tout moment, nous pouvons instantanément vérifier la source.
Et puis, la troisième étape, c'est de résumer ce texte déjà concentré en un exposé de 20 pages. Car *La Hulotte*, c'est 20 pages d'écrits et 20 pages de dessins.

Ensuite, il y a un travail de raffinement du vocabulaire pour qu'il soit compréhensible par un enfant – pas de jargon, pas de trucs prétentieux. Nous tenons à ce que ce soit rédigé dans la langue de tous les jours et, en même temps, il ne faut pas que ça s'écarte de la vérité scientifique (pour autant qu'il y en ait une).
Là, il y a beaucoup d'allers et retours, de paragraphes repris... Une fois que tout me paraît coller, je le donne à relire à ma collègue, qui fait une correction où elle indique tout ce qui lui paraît un peu discutable et... nous en discutons. Jusqu'à ce que nous arrivions à un texte qui soit un chemin de crête entre une publication scientifique qui serait ennuyeuse et quelque chose qui serait au contraire trop fantaisiste. C'est là la plus grande difficulté, et c'est passionnant... C'est vraiment super sympa de faire ce travail !
La Hulotte paraît quand elle est prête : bien faite et solide. Ce qui est formidable, avec ses lecteurs, c'est qu'ils acceptent ça !

Ce qui m'inspire, c'est de décrire la vie.

CCSJ • Quels sont les émotions et sentiments qui vous traversent durant les nombreux mois de préparation d'un numéro ?

P • Pendant les recherches, je découvre hélas, en général, des mauvaises nouvelles. Il y a une chose dont j'ai pris conscience assez récemment, c'est le danger des introductions d'espèces. Par exemple, des insectes qui débarquent, comme cette fameuse coccinelle asiatique – j'en ai parlé dans le numéro sur la coccinelle à sept points, qui est en train de disparaître. C'est une chose invraisemblable : un insecte ultra commun que tout le monde connaissait et voyait en permanence, chassée par l'autre espèce qui – paradoxe – a été introduite pour la lutte biologique contre les pucerons !
Beaucoup d'espèces végétales ou animales qui sont introduites sciemment ou par erreur se mettent à proliférer parce qu'elles arrivent dans un écosystème dans lequel elles n'ont pas de prédateur, pas de limites, et elles finissent par faire disparaître les espèces qui étaient là précédemment. C'est quelque chose dont je n'avais pas mesuré l'ampleur avant. Aujourd'hui, les scientifiques considèrent que c'est la cause de menace la plus grande sur la vie animale, après les pesticides.
Élever une espèce venue d'ailleurs, même dans un espace confiné, c'est toujours une folie... C'est le problème de la mondialisation.

CCSJ • Vos dessins au feutre allient humour et détails scientifiques rigoureux. Ils inspirent nombre d'enfants, qui souvent créent eux-mêmes leurs « BD scientifiques ». Quelle est l'origine du choix du dessin plutôt que de la photo ?

P • C'est lié à l'histoire de la revue. Au départ, ce n'était pas du tout un journal, c'était un bulletin de liaison. Quand il est né, en 1972, nous n'avions pas un rond, il était tiré avec une machine qui paraît aujourd'hui archaïque, mais à l'époque c'était un bijou : une Roneo Stencil Electronic. On pouvait reproduire un dessin au trait, s'il était bien net, mais pas de photos. En tramant les photos, la machine se bouchait et il fallait la nettoyer pendant une heure... Nous avons donc décidé de n'utiliser que le dessin. Moi, ça m'arrangeait bien, parce que j'ai toujours adoré dessiner ! Et puis, quand le journal a eu les moyens techniques et financiers de passer des photos, son style était déjà trouvé, il y avait d'autre journaux nés entre temps qui publiaient des photos. Nous nous sommes dit : *« Il n'y a qu'à rester comme ça, avec notre originalité. »*

À mes yeux, le dessin en couleurs ou en noir et blanc est supérieur à la photo, car il permet de rassembler sur un seul dessin des détails qui ne sont pratiquement jamais trouvables sur une seule photo. Il permet aussi de trouver l'attitude de l'animal la plus parlante.
De plus, la photo présente aussi le problème de la profondeur de champ, qui fait que si le premier plan est net, le deuxième ne l'est pas, ou vice et versa.

CCSJ • Les enfants semblent particulièrement sensibles à ce « pas de côté » humoristique que vous proposez, ce changement de point de vue essentiel à notre esprit critique, et ils retiennent bien plus facilement les informations sous forme d'anecdotes, qu'ils s'empressent de raconter à leur entourage.
Quel rapport gardez-vous avec la pédagogie et l'enfance ?

P • J'ai été instituteur, mais très peu de temps – quatre ans – et j'écris toujours pour les enfants en tablant sur ce qu'un enfant peut comprendre, et sur ce qui va l'intéresser.
Ce qui m'inspire, c'est de décrire la vie. Nous sommes des êtres vivants, comme les animaux et en bonne partie comme les plantes, qui présentent de formidables adaptations à leur milieu, avec toute une complexité des rapports entre les espèces – c'est ça qui est passionnant. La pédagogie, c'est assez simple : il faut que les choses soient intéressantes ! Bourrer les crânes avec des trucs barbants que les enfants sont obligés d'apprendre par cœur, ça ne présente pas grand intérêt.

CCSJ • Votre personnage Adrien Desfossés : curieux, candide… Qui est-il et d'où vient-il ?

P • J'avais un gamin qui était un cancre en classe, mais qui avait un talent extraordinaire quand on faisait les sorties, un véritable observateur ! Il voyait tout, il était attentif à tout. Un vrai gamin des fossés et des bois. J'étais toujours étonné de ce qu'il était capable de faire chaque fois qu'il était dehors. C'est lui qui m'a donné l'idée de ce petit personnage.

CCSJ • Quelles sont vos inspirations passées et présentes ?

P • J'ai été formé par un vieil instituteur que j'avais croisé dans des stages de baguage des oiseaux, j'avais alors presque 19 ans. C'était un naturaliste extraordinaire ! Né en 1907, il savait tout sur tout : il avait passé sa vie à courir les bois et les champs, et sa grand-mère, qui était très bonne naturaliste, lui avait appris plein de trucs, qu'il m'a ensuite transmis. Et surtout, il m'a poussé à ne pas m'intéresser qu'aux oiseaux, parce qu'au départ j'étais vraiment obsédé par eux. Il m'a fait comprendre qu'il y avait vraiment beaucoup d'autres choses à voir : fleurs, abeilles, arbres (c'était un as de la greffe)… C'est vraiment mon maître. Sans lui, je n'aurais jamais pensé me lancer dans une aventure comme celle de *La Hulotte*.
Le numéro sur les abeilles a été basé presque exclusivement sur nos rencontres, pendant lesquelles je l'écoutais et l'interviewais. Je ne ferais plus comme ça aujourd'hui, je ne me fierais pas seulement à une personne, même si je n'ai jamais reçu de contestation du travail qui a été fait.
Il avait une curiosité « multi-cartes » et l'expérience de la dégradation de la nature. Il me racontait que, quand il était enfant, il allait au bord de la Meuse. L'eau y était si transparente qu'il voyait les poissons et les graviers au fond : quelque chose d'impensable aujourd'hui ! Même dans les années 1950, l'eau était déjà sale.
Il me racontait les animaux qu'il avait vus dans des marais et qui avaient disparu. C'est en discutant avec lui, en écoutant ses souvenirs, que j'ai mesuré concrètement à quel point, en l'espace de 30 ou 40 ans, on pouvait assister à une dégradation épouvantable de la nature.
Il me disait que dans les endroits où il y avait des buissons remplis d'oiseaux, tout avait disparu, qu'il

C'était ça le but de l'association : montrer aux enfants qu'il y avait un trésor près de chez eux et que si on ne réagissait pas, tout disparaîtrait ! Et c'est un peu ce qui s'est passé...

y avait des marais qui s'étaient asséchés... J'ai pris la mesure concrète de la dégradation et du danger qu'il y avait à laisser cela continuer. C'était ça, vraiment, le but de l'association au début : montrer aux enfants qu'il y avait un trésor près de chez eux et que, si on ne se battait pas, si on ne réagissait pas, tout disparaîtrait ! Et c'est un peu ce qui s'est passé...
Nous pensions à l'époque, un peu naïvement, que si nous expliquions ça aux enfants, les choses bougeraient. Mais l'espèce humaine est plus lourde que cela, il faut plus de choses pour arriver à la réformer. On le voit aujourd'hui avec l'impossibilité de faire avancer une réaction à un phénomène aussi grave, aussi dangereux que le dérèglement climatique. Même quand la propre survie de l'Homme est en jeu, c'est une montagne à déplacer !

PABLO SERVIGNE

Toi qui vois le déclin de populations dans les écosystèmes, que ressens-tu par rapport à ces phénomènes?

P • C'est compliqué, parce qu'il y a des motifs de désespoir et des motifs d'espoir en même temps. Si je pense à mon vieil ami qui est mort dans les années 1990 et que je m'imagine lui dire aujourd'hui : *« Le faucon pèlerin est revenu, il y a des loups en France, il y a des castors dans les Ardennes, il y a des cigognes blanches et noires qui y nichent aussi ! »*, je pense qu'il tomberait à la renverse ! Et en même temps, quand on voit ce qu'est en train de devenir la campagne, une espèce d'immense désert arrosé de pesticides, c'est effrayant ! Je me demande comment ça va finir. Désespoir et espoir, les deux sont là.

Et puis, il y a la prise de conscience. Autrefois, nous prêchions complètement dans le désert. On se moquait de nous quand nous parlions de la disparition des animaux : *« Où est le problème ? »*, disait-on. Maintenant, tout le monde s'en rend compte, c'est devenu presque la doxa. Malgré tout, la conscience avance moins vite que la destruction.

Pourtant, la nature a une force de rétablissement extraordinaire ! Il suffirait qu'on arrête d'arroser les champs de pesticides pour très vite voir réapparaître les espèces – à moins qu'elles n'aient déjà complètement disparu – et récupérer leurs niches. Il y a toujours des petites réserves, et la vie reviendrait très vite.

Par exemple, sur un vieux terrain d'aviation de l'OTAN qui a été abandonné, les arbres repoussent à travers le béton des pistes, la tour de contrôle disparaît sous la végétation, la vie est là et retrouve sa force !

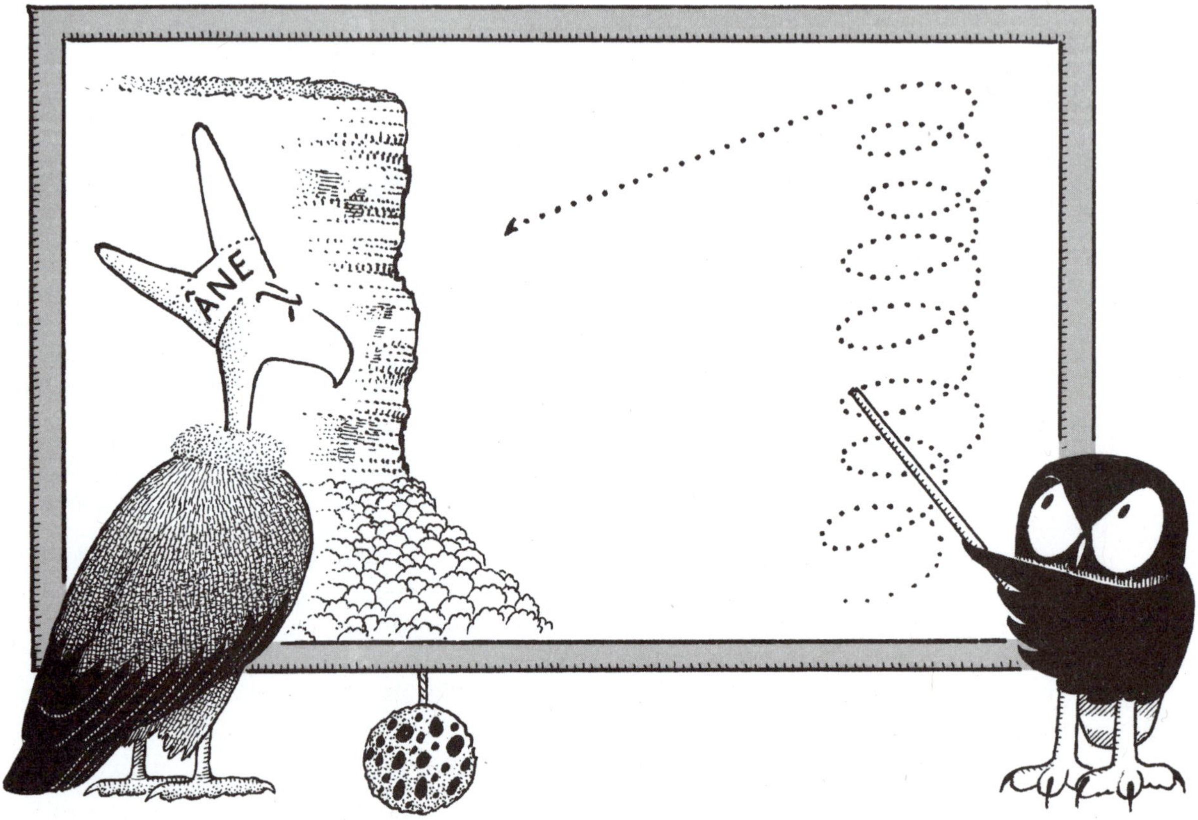

GAUTHIER CHAPELLE
[qui vendait des exemplaires en double à ses copains de 5e… à prix coûtant, hein!]
Depuis très longtemps, tu as choisi de raconter l'histoire des espèces que tu nous a proposées en les mettant à la première personne, en en faisant à chaque fois un sujet qui s'exprime au nom de son espèce. Ça a super bien marché pour moi, qui ai appris ainsi à considérer l'histoire « personnelle » d'un plant de gui ou d'un aulne (pour citer deux de mes vedettes hulottiennes). Presque 40 ans après cette découverte, je réalise qu'en faisant ce choix, tu as aussi ébranlé la coupure entre nature et culture, entre l'objectification du vivant et des approches qui voient chez les autres espèces des sujets. Cette coupure traditionnelle entre nous, humains, et les autres espèces, est pour moi (et pour d'autres) l'une des raisons premières de l'emballement destructeur, du déraillement à venir de notre civilisation. Ce choix était-il conscient? Qu'en dirais-tu aujourd'hui, sur fond d'effondrement possible?

P • Je pense que nous ne sommes pas une espèce à part. Nous avons pris un pouvoir gigantesque sur la planète, mais nous restons une espèce animale. Pas très rationnelle, d'ailleurs... Nous nous gargarisons de notre puissance - qui est réelle - et de notre supériorité intellectuelle, mais les autres espèces sont beaucoup plus proches de nous que ce que nous voulons bien admettre! Ce sont des êtres sensibles, et nous avons une sorte de mépris qui est très visible dans la manière dont nous traitons les animaux domestiques, laquelle est totalement épouvantable. Et quand je pense aux conditions de vie dans les élevages, c'est effrayant! Tout ça me révolte, ça me choque au-delà de tout! C'est ce qui est appris dans les cours de philosophie : *« Il y a l'Homme... et le reste! »* Je pense qu'il y a toute une révolution intellectuelle à faire.

GC • Les loups arrivent chez toi dans les Ardennes françaises (et belges...). Cet animal qui questionne tellement bien notre rapport au sauvage fait-il partie d'un prochain numéro?

P • J'aimerais beaucoup le faire, mais c'est un sujet énorme et complexe. Le loup, c'est peut-être le seul animal qui pourrait mettre en danger l'Homme, c'est un super prédateur. Jusqu'à présent, nous avions peu d'informations sur les loups en France. Il y avait des publications sur les loups en Russie, dans le Grand Nord, qui vivent dans des milieux beaucoup plus sauvages que les nôtres. J'aimerais beaucoup le faire; j'ai aussi un peu peur de la place que ça va prendre en documentation.
Pour le moment, j'ai beaucoup de sujets sous le coude qui attendent, ce n'est donc pas encore d'actualité. Mais je me renseigne... Tout ce que je vois, je le collecte. C'est dans les cartons. Qui vivra verra.

“ *L’effondrement, c’est si tout va bien.* ”

Restons dans l’action

FLORA CLODIC-TANGUY

gaël MUSQUET

Météorologue, radioamateur et astronome passionné, Gaël Musquet parcourt le monde pour prévenir et gérer les catastrophes naturelles depuis plus de 10 ans. Son regard d’expert et d’insulaire - il est originaire de la Guadeloupe - est précieux pour trouver des moyens d’agir par temps incertains.

Il est toujours entre deux voyages. Humble, Gaël Musquet n’en est pas moins très demandé… Météorologie, informatique, cartographie, radio, astronomie : dans tous ces domaines, son expertise est pointue et multiple pour affronter un défi de taille – prévenir et guérir les catastrophes naturelles, aux quatre coins du globe. Une riche expérience acquise qui puise sa source dans sa Guadeloupe natale, toujours chère à son cœur, et dans ses différents engagements dans le monde des communs.

Dans son île

Gaël Musquet est le plus insulaire des habitants de Vernon, la commune normande où il vit depuis de nombreuses années. Il naît et grandit bien loin de là, aux Abymes, en Guadeloupe. À 9 ans, il se retrouve en famille dans l'œil de l'ouragan Hugo, l'un des plus violents cyclones tropicaux qu'aient connu les Antilles depuis que des observations scientifiques sont réalisées. « *C'était la première fois que je comprenais dans ma chair,* raconte-t-il, *que l'existence ne pouvait tenir qu'à un fil.* » Il se promet que, plus tard, son métier sera de gérer ces crises majeures et d'aider les populations à être prêtes. En attendant, Gaël grandit et se passionne pour les sciences, notamment l'astronomie. Il commence aussi à hacker. À 16 ans, féru d'informatique, Gaël crée un logiciel qui récupère automatiquement les corrigés d'exercices sur l'ordinateur d'un de ses professeurs, qu'il partage avec sa classe. Plus sa rigueur scientifique s'affûte, plus il remet en question les dogmes et les positions de l'Église souvent considérée comme sectaire (les Témoins de Jéhovah) dans laquelle son père est un haut dignitaire respecté. Quand, à 18 ans, il goûte au fruit défendu en dehors des liens du mariage, il est convoqué devant un Conseil des Anciens et excommunié.

> **« Je suis convaincu que c'est en temps de paix qu'il faut se préparer, quand nous sommes pleinement en capacité de ne pas paniquer. »**

En rupture familiale, il est recueilli par l'écrivaine Simone Schwarz-Bart, qui l'aide à trouver sa voie. Il fabrique ses premiers capteurs météorologiques, dont l'un d'eux permet d'évaluer la hauteur des nuages. En 2001, il pose ses valises en métropole, en Seine-Maritime, pour étudier la météorologie. « *Il faut énormément de ténacité pour quitter un petit paradis comme celui qui m'a vu naître,* explique-t-il. *Tu changes de repères culturels, de régime alimentaire, de manière de faire lien, de température. Et même si nous avons une histoire commune, aux Antilles et en métropole, elle est très douloureuse : c'est celle de l'esclavage et de la colonisation.* » Il sait pourtant qu'il doit partir. Il fait le choix de la météorologie car l'astronomie ne lui aurait pas ouvert les mêmes débouchés en Guadeloupe, alors que ce qu'il veut, c'est précisément pouvoir rentrer un jour dans son île.

Étudiant à l'Université de technologie de Troyes, puis à l'École des techniciens de l'équipement (ENTE) d'Aix-en-Provence, Gaël devient chargé d'études en recueil et analyse de données pour le Centre d'études techniques de l'équipement (CETE Méditerranée, toujours à Aix), où il approfondit sa connaissance de la cartographie au service de ceux qui assurent la sécurité en zones à risque.

Le hacker éthique

Gaël creuse, fouine, expérimente. Fidèle à sa promesse d'enfant, il se spécialise dans la gestion de crise numérique des phénomènes climatiques majeurs. Il aiguise également une autre passion : la radio amateur. D'abord contributeur, Gaël cofonde la branche française d'OpenStreetMap, un projet de cartographie libre, gratuit et ouvert à tous, qu'il préside de 2011 à 2014 et dont il porte la parole de 2014 à 2018. Au fil des hackathons, au cours desquels des geeks de tous bords se réunissent pour plusieurs jours autour d'un projet collaboratif de programmation informatique ou de création numérique, Gaël se fait remarquer. Et enchaîne les missions. Au Burkina Faso, il encourage la transparence et l'utilisation collective des données, en partenariat avec la Banque Mondiale. Il aide aussi Reporters sans frontières à mieux protéger les journalistes en zones de tension.

En novembre 2013, il répond à un appel à projets lancé aux bidouilleurs et aux experts de la tech après le passage du typhon Haiyan, aux Philippines, pour cartographier les zones sinistrées et identifier le type d'aide dont les populations ont besoin. Ce sera son vrai baptême du feu. On ne l'arrêtera plus. Gaël fédère autour de lui des acteurs variés (développeurs, blogueurs, community managers...), avec lesquels il met sur pied des expéditions dans des zones à risque, notamment dans ses Antilles chéries[1]. Ils se joignent à l'opération Caribe Wave, un exercice annuel de prévention des risques de tsunami organisé par l'UNESCO, à la Désirade. Ils simulent la tragédie, mettent au point un système d'alerte et diffusent les bons réflexes pour sauver des vies.

« Un territoire insulaire, c'est comme une miniplanète. Tu n'as pas le droit d'être médiocre, parce que, quand tu merdes sur une île, tu n'as personne pour t'aider... Mon discours peut paraître anxiogène, mais je suis convaincu que c'est en temps de paix qu'il faut se préparer, quand nous sommes pleinement en capacité de ne pas paniquer. »

Après cette première réussie, Gaël et son équipe veulent aller plus loin. En 2016, il crée l'association HAND (Hackers Against Natural Disasters), pour tester toutes les réponses technologiques possibles aux crises naturelles. Une campagne de crowdfunding et beaucoup de labeur plus tard, ils retournent aux Antilles, cette fois près de Marie-Galante.

Gaël en rentre convaincu qu'il faut aller plus loin. Il travaille sur un système d'alerte généralisée par SMS, qui devrait être déployé en 2022 pour respecter une directive européenne sur la protection de tous les types de risques[2]. Il mène aussi des missions en France métropolitaine, notamment dans le Sud, où il contribue à lutter contre les incendies, ou au bout du monde, comme dans le camp de réfugiés de Zaatari, en Jordanie, pour aider à mieux gérer les pénuries d'eau, enjeu humanitaire et sécuritaire fondamental.

Décoloniser les imaginaires

En 2017, il participe au lancement du projet Hermitage, un tiers-lieu d'innovation rurale et citoyenne de Picardie. Avec son entreprise CXLinks, incubée dans un service d'innovation de l'armée française, Gaël travaille avec des Organisations Internationales, des ONG et des États. Il aide notamment la Côte d'Ivoire, le Sénégal et d'autres pays d'Afrique à préparer leur sortie de la crise sanitaire du Covid-19.

Parce qu'hacker le système, c'est aussi pirater ses imaginaires, Gaël puise beaucoup dans l'histoire pour mieux comprendre le présent. Il est intarissable sur les aventures de la télégraphie, la gestion des catastrophes naturelles et ses enjeux politiques, et voudrait également contribuer à diffuser un autre récit de l'écologie, moins occidentalo-centré.

Sa vision du vivant est indissociable de son insularité. Il se reconnaît beaucoup dans une approche comme celle de Malcom Ferdinand et son « écologie décoloniale »[3]. « *De nombreux problèmes de la Caraïbe viennent du fait qu'on ait voulu imposer le vivant européen au vivant tropical. Ça n'a pas de sens : le contexte, les espèces et le climat ne sont pas les mêmes ; les fragilités non plus. Heureusement, on revient à plus de bon sens, parfois trop tard, même s'il n'est jamais trop tard pour bien faire.* »

En 2019, Gaël fait le tour du monde pour HAND ou CXLinks et parcourt trois océans, autant d'occasions de faire l'éponge et de voir comment les gens vivent ! Il joue au « journaliste de solution » pour comprendre et documenter les manières de hacker d'autres territoires. « *J'ai tellement appris pour mon île en échangeant avec les Polynésiens sur leur manière de gérer l'eau potable en absence d'eau douce ou avec les Ivoiriens sur les mille et une fonctions du manioc…* » En Côte d'Ivoire et dans d'autres pays d'Afrique, le manioc permet en effet de lutter contre la famine, mais il a aussi d'autres fonctions insoupçonnées : biocarburant, matière première médicale, dépollution des sols, fixation des molécules toxiques synthétisées par l'homme… C'est une inspiration pour la Guadeloupe, où le manioc pousse bien et dont les terres sont empoisonnées depuis de nombreuses années par un insecticide, le chlordécone.

L'effondrement, c'est maintenant

Ce regard décolonisé (mais toujours situé !) lui offre une perspective rare et précieuse sur notre société. « *Dans les îles et les territoires qui ont été colonisés, défaits et humiliés, ou qui subissent régulièrement les catastrophes naturelles, on ne retrouve pas cette culture de la victoire si présente en France. C'est peut-être aussi pour ça que c'est si dur pour les Français d'envisager les limites et la finitude de notre modèle. Les effondrements sont très présents dans la vie quotidienne de ces populations.* » Il reparle ainsi de tout ce qui a disparu de son île en 40 ans, mais aussi des montagnes de déchets qui sont apparues ou encore de la raréfaction de l'eau potable… « *Les Guadeloupéens, comme les autres, ont appris à vivre avec ces situations, tout simplement parce qu'ils ne peuvent pas faire autrement.* » C'est aussi ce qui explique, selon lui, que ces populations soient aussi plus résilientes, en ces temps de pandémie mondiale.

« Dans les îles et les territoires qui ont été colonisés, défaits et humiliés, ou qui subissent réguliérement les catastrophes naturelles, on ne retrouve pas cette culture de la victoire si présente en France. »

© GAËL MUSQUET

Il le dit sans fausse provocation : « *L'effondrement, c'est si tout va bien…* » Il est persuadé que nous sous-estimons totalement les risques de catastrophes naturelles et leur coût en termes de vies humaines. « *8 % de ces désastres (tsunamis, séismes…) génèrent près de 58 % des décès* », détaille-t-il, en citant un récent rapport[4]. Au-delà de l'urgence pour laquelle il est régulièrement sollicité, c'est bien pour la prévention que Gaël s'engage. « *J'en ai marre de traiter des phénomènes cycliques. On connaît très bien les territoires sismiques, volcaniques ou en proie aux ouragans. Pourquoi ne met-on pas en place dans ces territoires-là, de manière prioritaire, des politiques publiques de prévention ?* »
Pour lui, s'il faut penser à moyen et long terme, on a aussi besoin de personnes qui gèrent le quotidien et mènent ces politiques de prévention, au plus près des populations, « *sans quoi on s'expose à des phénomènes comme ce qui est en train d'arriver avec la pandémie.* »
C'est comme ça qu'il considère son travail de « hacker éthique ». « *D'abord, j'observe, j'essaie de comprendre l'écosystème, avec un maximum de curiosité.* » Dans ces systèmes médicaux, informatiques, radioélectriques, etc., Gaël débusque les problématiques qui risquent d'être rencontrées en temps de crise. Si le système fonctionne déjà mal ou de manière « suboptimale », la catastrophe guette… « *Puis, j'essaie de voir ce que je peux proposer pour l'améliorer, pour limiter les risques que j'ai identifiés, pour faire en sorte – quand c'est possible – que la situation soit meilleure après la crise qu'avant.* »

Des plans sur la comète

S'il continue de voyager pour ses missions et de rentrer en Guadeloupe dès qu'il peut, Gaël revient aussi à ses premières amours : l'astronomie. Il a réinvesti un ancien laboratoire de recherche balistique de l'armée à Vernon, pour y déployer un observatoire doté d'une quinzaine d'instruments astronomiques, inauguré en octobre 2020.
Ses objectifs : non seulement transmettre, en travaillant notamment avec les écoles, mais aussi expérimenter, à toutes les échelles, y compris celle de son domicile, que Gaël compte bien équiper de capteurs en tous genres pour en faire un modèle de résilience et de *low tech*[5]. Évidemment, il ne va pas s'arrêter là : d'autres observatoires vont voir le jour en Guadeloupe et à Mayotte.
« *Nous sommes tellement déconnectés des rythmes naturels et célestes que nous ne savons même plus nous repérer grâce au soleil… Nous devons réapprendre à nous orienter, y compris pour être capables de faire face à des pannes qui risquent de se répéter à mesure que les événements climatiques extrêmes et la tension sur les ressources stratégiques vont s'accroître.* » L'autre péril que nous ne mesurons pas du tout, selon lui, concerne le soleil. « *On a des risques de voir toutes les technologies successives qu'on a envoyées dans l'Espace balayées d'un revers de main si une éruption solaire se dirigeait d'une manière massive vers la planète Terre.* »
« *Comment faisaient nos anciens ? C'est la question que je me pose dans tous les domaines de ma vie.* » Pour ce féru d'innovation, la technologie est toujours un moyen, jamais une fin. Au-delà du plaisir qu'il y trouve, tous les loisirs scientifiques et techniques qu'il pratique dans une logique *open source* sont un moyen de mieux vivre, pour les autres et pour lui. Retisser ce fil de l'histoire de l'humanité, c'est ce qu'il fait le plus possible avec ses deux enfants adolescents. Il leur transmet la quête de sobriété et de frugalité des radioamateurs, qui cherchent toujours à minimiser leur impact. Il part aussi avec eux sur les traces de Gustave Ferrié, l'inventeur de la télégraphie sans fil, pour apprendre à se repérer dans l'Espace et sur Terre simplement grâce à un sextant, cet instrument de navigation à réflexion, compagnon de tous les grands découvreurs.
Tout ce qu'il entreprend, il le fait pour eux. « *J'essaie de leur inculquer des valeurs cardinales d'autonomie, de respect, de travail bien fait, aussi. Je ne peux pas me résoudre à leur dire que tout est foutu. Je veux me battre pour qu'ils aient un meilleur futur que ce qui les attend si nous n'agissons pas.* » Ɏ

1. Voir « Gaël Musquet : se protéger des catastrophes naturelles grâce à l'*open data* », Boma, 2017.
2. Directive (UE) 2018/1972 du Parlement européen et du Conseil du 11 décembre 2018 établissant le code des communications électroniques européen.
3. Ferdinand M., *Une écologie décoloniale*, Le Seuil, collection Anthropocène, 2019.
4. CRED, UNDRR, *The Human Cost of Disasters – An overview of the last 20 years 2000-2019*, octobre 2020.
5. Le concept de *low tech* (basse technologie) s'oppose au *high tech* et désigne un ensemble de techniques simples, pratiques, économiques et populaires.

LES BIFURQUANTS :
PREMIERS PAS

Le pas de côté

LAURE NOUALHAT
PHOTOGRAPHIES JÉRÔMINE DERIGNY-COLLECTIF ARGOS

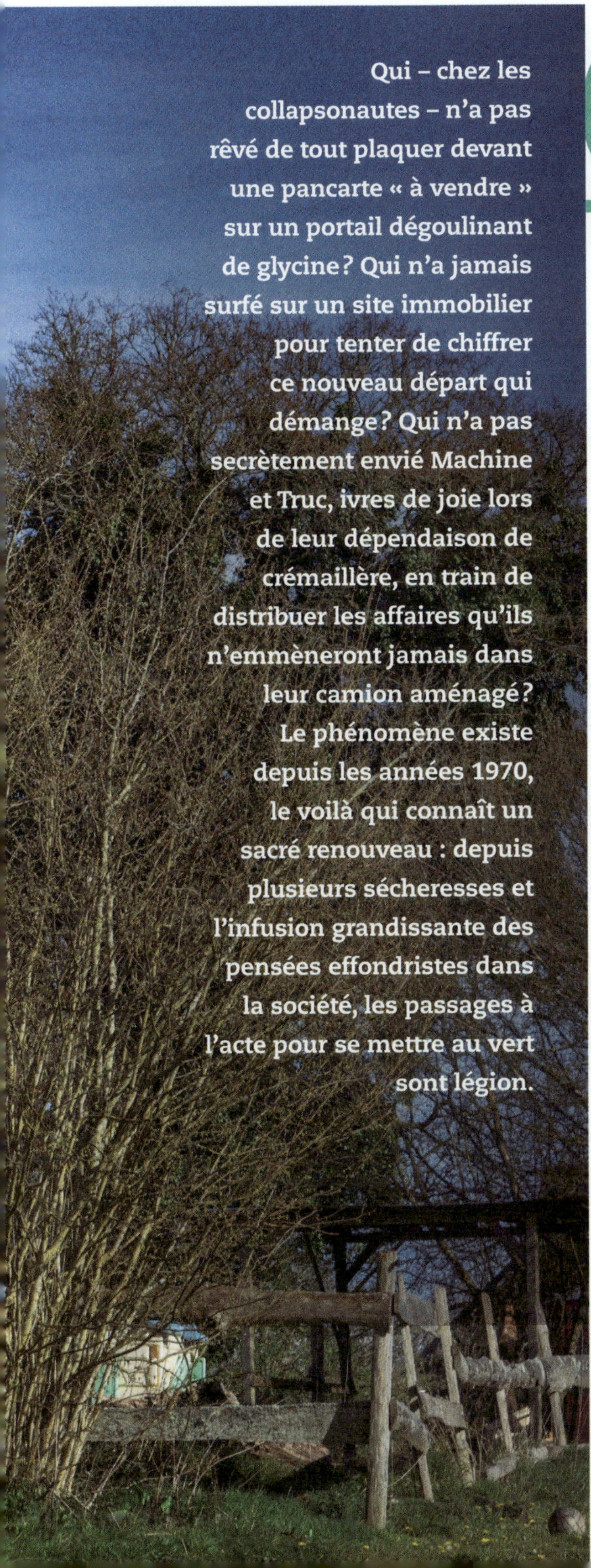

Qui – chez les collapsonautes – n'a pas rêvé de tout plaquer devant une pancarte « à vendre » sur un portail dégoulinant de glycine? Qui n'a jamais surfé sur un site immobilier pour tenter de chiffrer ce nouveau départ qui démange? Qui n'a pas secrètement envié Machine et Truc, ivres de joie lors de leur dépendaison de crémaillère, en train de distribuer les affaires qu'ils n'emmèneront jamais dans leur camion aménagé? Le phénomène existe depuis les années 1970, le voilà qui connaît un sacré renouveau : depuis plusieurs sécheresses et l'infusion grandissante des pensées effondristes dans la société, les passages à l'acte pour se mettre au vert sont légion.

On reconnaît les gens heureux au sourire qu'ils affichent quand on leur demande de raconter leur vie d'avant... Claire, Gwendal et leur fils Armel ne dérogent pas à la règle. Jusqu'à l'été dernier, ils cochaient toutes les cases de la vie pépère : job plaisant de techniciens (dans l'aéronautique pour elle et le bâtiment pour lui), bébé en route, pavillon acheté sur plans et qui sortait de terre, non loin de Toulouse. C'était sans compter le Covid, les questions écologiques et la notion de limites qu'elles imposent. *« Pfff! Ce qu'on avait ne nous faisait plus rêver. »* Alors, tout doucement, ils ont organisé leur départ début janvier sur les routes de France, ont vendu le pavillon et acheté une petite tiny (modèle Cahutte) d'occasion pour 32 000 €. Elle doit flirter avec les 8 m² et dispose de tous les codes de la maison proprette. Claire se donne le temps, elle qui souhaiterait créer un lieu de soins où l'on pratiquerait le yoga à gogo. La revente du pavillon leur laisse de quoi « voir venir ». L'objectif ? *« Être heureux et voir notre bonhomme de 18 mois pousser. »* Difficile de faire plus simple...

Sans un petit virus de 15 nanomètres, Claire et Gwendal seraient peut-être en train de rembourser leur emprunt tout en tondant sagement leur pelouse. Le Covid a secoué des centaines de milliers de personnes dans leur relative stabilité. Certains pensaient changer de vie depuis longtemps, mais 2020 leur a mis un gros coup de pied au derrière. « Pschiittt ! » ont fait les certitudes du lendemain. « Pschiittt ! » les peurs. Et ils se sont jetés à l'eau dans l'année. Ils viennent d'horizons si variés qu'aucune étude ne parvient à décrypter leur ADN sociologique. Ils ont tous en commun le ras-le-bol d'un système moribond et mortifère, une soif inextinguible de sens, une énorme envie de Nature, un désir de simplicité, de sobriété et de « retour aux sources ». Tels des poissons hors du bocal, ils cherchent à replonger dans un espace oxygéné. Comme s'ils ne désiraient qu'une chose : entendre battre leur cœur. Plutôt pas mal pour le début de la seconde vie, vous savez bien, celle qui démarre quand on réalise qu'on n'en a qu'une...

Guilhem, 29 ans,
et toute l'équipe d'Etika Mondo.

Le manque d'oxygène commençait sérieusement à scléroser Guilhem, à peine 29 ans au compteur. Comme un bain révélateur, le premier confinement l'a mis face à son mal-être. Quand il se confine bien au chaud chez ses parents, une petite musique trottine en boucle dans sa tête : il n'est pas tout à fait heureux et ne valide pas toujours ce à quoi il participe... Son job dans le contrôle de gestion dans l'un des plus grands cabinets d'audit mondiaux est tout à fait sécurisant, mais soporifique à souhait, quand on aspire à changer le monde. En juillet, il s'offre un stage d'immersion de cinq jours chez Etika Mondo, dans les Cévennes. Quadruple coup de cœur : pour le lieu, les personnes, les valeurs et le projet. Premier effet Kiss Cool : il quitte son job ronronnant. Second effet : il s'engage comme volontaire chez Etika, c'est-à-dire qu'il vit sur place et donne tout son temps pour pas un rond (il est au chômage). Ce volontariat est un don de soi, une quasi-abnégation au service d'une grande cause – la planète – et d'un lieu – une maison cévenole et ses sept hectares de terrasses à réaménager.

Pôle Emploi semble bien être le premier sponsor officiel des bifurquants.

Mais d'abord, qu'est-ce que bifurquer ? Changer de cadre de vie, de partenaire, de ville ou de boulot ? *« Tout cela à la fois »* a répondu Axèle, du haut de ses trente ans. Ni son couple, ni son job de commerciale – elle vendait un logiciel de paie, ce qui lui permettait d'engranger jusqu'à 6 000 € mensuels – n'ont résisté au confinement. En revenant de ce *« moment hors du temps »*, elle quitte son boulot et son compagnon, avec qui elle vivait depuis quatre ans, et se lance dans le wwoofing. Quelques mois de pérégrinations plus tard, la voilà sûre d'elle : elle kiffe les chèvres ! *« J'ai adoré être quatre heures par jour dehors avec 70 bêtes, gérer un troupeau... Un vrai cliché de bobo Parisienne ! Je voulais être fermière quand j'étais petite, mes parents me corrigeaient toujours : "ingénieure-fermière, alors !" »* En septembre, elle se formera à la conduite de troupeaux et à la fabrication de fromages, mais pas que. Sa transition s'accompagne d'une mue politique intime qu'elle souhaite ardemment incarner : Axèle s'est donc rasé la tête, ce qui lui donne des airs de Jean Seberg des temps incertains. Elle entame une formation pour devenir psy spécialisée dans les questions de genre. *« Mon instinctuel va être rempli avec les chèvres et l'intellectuel nourri avec une formation, c'est parfait ! C'est la première fois de ma vie que je fais un choix conscient. »*

Vouloir s'envoler, c'est bien ; savoir atterrir, c'est pas mal aussi. Et autant que le matelas soit douillet. Aucune statistique ne vient corroborer ce fait, mais Pôle Emploi semble bien être le premier sponsor officiel des bifurquants. Raphaëlle, Adrien, Damien, Omar..., ils sont légion à avoir troqué le CDI ou le CDD contre une *« pension pour réfléchir »*. D'autres rembourrent leur matelas avec le pactole obtenu via une rupture conventionnelle. D'aucun·e·s se laissent porter par le vent qui souffle dans leurs voiles. Comme Margaux, 28 ans, habitante et initiatrice du collectif du Moulin Bleu (Loir-et-Cher), devenu pionne dans un lycée local alors qu'elle était gestionnaire de projets. « *De toute façon, la vie campagnarde en collectif réduit tellement les besoins qu'il est tout à fait possible de vivre avec le RSA* » assure Nicolas, ex-animateur social, 30 ans, qui vient de poser son sac à dos à l'écolieu du Bois du Barde.

Est-on candidat au virage à 180° quand on approche la cinquantaine ? Moins, pour de multiples raisons – les ados encore à la maison, le salaire (trop) confortable, la routine… – et cela se prépare plus méticuleusement. Au-delà d'un certain âge, on ne part plus le nez au vent sans savoir comment gagner sa croûte, l'idéal étant de disposer d'un bagage professionnel à toutes épreuves ! Marc a ouvert un cabinet de dermatologie le 1er juillet dernier à Sainte-Eulalie (Ardèche). Une table d'auscultation, un ordinateur, des scalpels à la pelle, et voilà qu'il est au complet pour les mois qui viennent. Dans les alentours, on le salue comme s'il avait croisé la Vierge, alors qu'il n'a fait « que » quitter l'avenue de Breteuil à Paris, dans le 7e arrondissement, pour rejoindre ce très joli trou paumé de 245 habitants au pied du mont Gerbier-de-Jonc. « *Mon premier patient venait de Nyons, à 180 km de là. Il n'a pas hésité à venir pour un carcinome (il a su le diagnostiquer seul puisqu'il en avait déjà eu deux), que j'ai enlevé dans l'après-midi. Cela m'a confirmé dans mon choix : ici, j'allais être utile.* »
Il a tout de suite annoncé la couleur : pas de médecine de confort, aucun acte esthétique. Le dermato se régale quand il décèle bobos et lupus à temps. « *Je retrouve du sens dans ce que je fais. Je conserve des créneaux libres pour ne pas être complet jusqu'à la fin de l'année, mais cela pourrait aller très vite !* » La quête de sens guide cet homme, qui sent depuis des années sa Cocotte-minute sous pression. Les promesses non tenues de Macron (pour qui il a volontiers voté), la gestion du Covid, la ville bruyante au rythme infernal, les patients qui jouent au Jokari sur Doctolib avec son agenda… il en a eu ras-le-bol. Il a investi le Mas neuf, la vieille ferme familiale chargée d'histoire – elle aurait été occupée dès 1320 – et ne se lasse pas du panorama idyllique offert par les Monts d'Ardèche, même s'il a déprimé dans le brouillard à couper au couteau de l'hiver.
Le changement de décor s'accompagne de nouveaux repères et d'un impérieux besoin d'adaptation. Au silence, au calme, aux exigences de la quête d'autonomie, donc à l'entraide !
Moins sûre d'elle, plus impétueuse, Sylvie a plaqué Amiens pour s'installer dans le Périgord vert, qu'elle a découvert à la faveur d'un roman qu'elle écrivait. Plusieurs allers-retours confirment son coup de cœur pour la région, elle jette donc son dévolu sur une petite « Sam Suffit », avec granges et micro-jardin. Pour moins de 40 000 €, la voilà propriétaire d'une maison qu'elle retape joyeusement avec l'aide des jeunes et moins jeunes de la « Commune imaginée du Bandiat », toute proche. Elle apprend à dégager la faïence de sa cuisine sans tout péter, à nettoyer, poncer et repeindre collectivement. En retour ou juste pour le plaisir, elle file des coups de main sur les terrains mutualisés du collectif, raccommode leurs serres en plastique.
Sylvie fait penser à une jonque emportée par le courant. « *Ce qui est complètement fou, c'est que je vis ce que j'ai écrit dans mon roman, sans l'avoir voulu ni anticipé. Je suis dépassée par l'écriture !* » Formatrice auprès des collectivités territoriales, chroniqueuse au *Courrier Picard*, elle déboule avec zéro inquiétude et des tonnes d'envies : ateliers d'écriture, formation d'élus, renaissance de vêtements en fin de vie… En cela, Sylvie accorde toute sa confiance à ce que lui réservent les temps qui viennent.

Sylvie a plaqué Amiens pour s'installer dans le Périgord vert. Dans l'auberge de la Commune Imaginée du Bandiat.

page suivante ›
entretien avec Claire Desmares-Poirrier

L'EXODE URBAIN A-T-IL COMMENCÉ ?

© ANNE CLAIRE HÉRAUD

Un exode urbain serait en cours : une nouvelle vague de citadins, obnubilés par les affreuses questions de fin du monde, irrigue la ruralité française. Les campagnes grouillent de néoruraux, jeunes ou vieux, riches ou pauvres. Claire Desmares-Poirrier décrypte ce phénomène, qu'on pensait largement éclusé depuis les années 1970. Elle sait de quoi elle parle, elle qui a bifurqué il y a dix ans, méthodiquement, avec son mari Adrien, paysan. Aujourd'hui, avec leur fille Jeanne, ils vivent d'herbes aromatiques et d'eau fraîche dans le cœur d'une Bretagne mitée par l'industrie agroalimentaire. Dans leur havre de paix, 5 hectares à peine, exposés plein sud, ils fournissent des plantes aux plus grands noms de la gastronomie. Et dans leur café-librairie, on refait le monde... sauf quand il est fermé, c'est-à-dire tout le temps depuis un an. Claire s'est par ailleurs présentée comme tête de liste EELV pour la région Bretagne. Habile et osé : une jeune femme, féministe, écolo, au pays des élevages de cochons industriels et des tomates hydroponiques ! Elle ose, elle est donc le fil d'Ariane parfait pour nous parler de bifurcations. Et c'est au milieu de menhirs aussi alignés qu'elle et des ajoncs jaune d'œuf du pays de Redon qu'elle revient sur un phénomène qui fait du bien à la société française.

Éloge au Pas de côté (Nantes).

YGGDRASIL
Depuis 2020, la situation sanitaire a catalysé des désirs de campagne, mais en 1974 déjà, à la télévision française, Charlotte Julian chantait en sabots : « Tout le monde à la campagne »... Qu'y a-t-il de nouveau ?

CLAIRE DESMARES-POIRRIER
Dans les années 1970, se mettre en retrait d'un modèle de société triomphant était sacrément osé. Les projets étaient communautaires, très militants, parce qu'ils s'opposaient à l'avènement de la société de consommation. Aujourd'hui, cette société est à bout de souffle, chacun en convient, même ceux qui en ont profité le plus. Alors dire qu'on remet en cause ce modèle, ce n'est pas faire preuve d'un courage immense, c'est s'évertuer à inventer autre chose. Du coup, soyons reconnaissants à ces pionniers de la ruralité ! Grâce à eux, nous ne sommes plus regardés comme des hurluberlus, avec nos projets alternatifs.

Y • L'exode urbain serait un produit logique de l'époque...

CDP • Avec les changements climatiques, la crise du Covid-19, la crise économique et la pression écologique des villes, l'exode urbain est devenu souhaitable pour l'ensemble de la société. C'est la différence fondamentale d'avec l'exode des années 1970 : ce n'est pas une option « pour voir », c'est un impératif ! Notre responsabilité collective est de construire une alternative, d'imaginer une autre manière de vivre et de sortir du territoire consommé qu'est la ville.

Y • Parvient-on à chiffrer ce phénomène ?

CDP • Il se dit que 100 000 foyers quittent les villes chaque année... Mais quelle est la méthodologie employée ? C'est un enjeu très fort que la lecture des soldes démographiques. Pour un géographe, l'exode urbain, c'est le fait de quitter le centre urbain pour aller n'importe où ailleurs. Donc entrent dans la définition de l'exode urbain des phénomènes comme la périurbanisation : le fait que les villes grignotent leur périphérie, que les gens s'éloignent du centre parce qu'ils n'en ont plus les moyens ou parce qu'ils veulent plus de surface habitable. En tout cas, statistiquement. Mais cela ne décrit pas une autre réalité, plus complexe, qu'est la rurbanisation, c'est-à-dire la reconquête de territoires désertés. Dans un grand nombre de communes rurales, le solde migratoire s'infléchit depuis une bonne quinzaine d'années, et pourtant, le solde naturel est toujours défavorable[1].

Tout le monde a-t-il la possibilité de fuir les villes ?

CDP • L'exode urbain n'est pas un truc de bobos, mais un sujet de société à part entière, avec des sociologies différentes, des approches différentes, y compris très contestables. En fait, c'est un produit de l'époque qui a plein de formes différentes. Et c'est parce que c'est pluriel que c'est vraiment intéressant, sinon, ça s'appelle une tendance.

Un mot traverse la petite société des exilés urbains ou des néoruraux : autonomie. Elle se décline dans nombre d'interstices : autonomie énergétique, alimentaire, financière et même autonomie de pensée.

CDP • C'est un rêve de liberté qui en dit long sur les aspirations du moment. L'autonomie, c'est l'entraide, et pour cela, il faut un réseau social à taille humaine. En ville, l'individualisme est tel qu'il entrave l'entraide. En revanche, se lier à une communauté où on connaît les gens, où on pratique des activités ensemble, où on s'entraide, on se prête des objets, on échange des savoirs, on invente, on fait ensemble, on crée des événements, on troque... voilà, ça, c'est l'autonomie et c'est l'un des atouts indéniables de la ruralité. L'autonomie doit être imaginée à l'échelle d'un bassin de vie comme les biorégions[2], mais pas sur un hectare ou dans une ville...

Et quand les territoires ruraux sont désertés, voire sinistrés, économiquement, comment trouver du travail, gagner sa vie... ?

CDP • Cet exode n'est-il pas une véritable opportunité ? Quel merveilleux enjeu politique de donner les moyens aux gens de créer des activités, d'en faire renaître d'autres, de devenir des acteurs du territoire ! De nombreux dispositifs existent, dans les régions, via les financements européens, et même grâce à l'argent du plan de relance. La campagne a besoin de médecins, d'enseignants, d'artisans, de graphistes... Du fin fond de mon pays gallois, je pourrais chercher une graphiste sur Paris ou même à Bali, mais je préfère de loin travailler avec Hélène, qui vit en Bretagne. Nous partageons un temps de création, elle comprend mon univers, elle est capable de proposer des choses qui me correspondent. On le voit aujourd'hui : on dématérialise tout, mais les gens ne rêvent que d'une chose : se voir. Nourrir les échanges humains et activer de la ressource sur son territoire est un vrai défi.

On le voit aujourd'hui : on dématérialise tout, mais les gens ne rêvent que d'une chose : se voir.

• Comment choisit-on le lieu de sa vie d'après ?

CDP • Rarement par hasard, mais souvent avec beaucoup de mystère ! Un jour, on se dit : « C'est là ! », ça devient « mon » territoire, je suis même « de là ». Ce n'est pas réfléchi, cela vient a posteriori. Dans ce lieu-là, on découvre des paysages, des personnes, une culture, une histoire. Pour nous, en Bretagne, ça a vraiment été très fort. Dès le départ, nous étions curieux (faire preuve de curiosité est la meilleure façon d'entrer sur un territoire), nous avons assisté à des veillées avec des colporteurs, rencontré des anciens au bistrot, rejoint un groupe de chants bretons, etc. Les nouveaux arrivants ont une forme de responsabilité vis-à-vis du patrimoine local, que ce soit un patrimoine vivant, comme la terre, les paysages, ou immatériel, comme la culture.

• Se dire qu'on ne vient pas juste « consommer un quelque part » porte un potentiel extraordinaire pour tous les exodes urbains. Peut-être faut-il faire silence en débarquant dans un territoire ?

CDP • Je vais paraphraser Kennedy : « *Ne demandez pas ce que le territoire peut faire pour vous, mais demandez-vous ce que vous pouvez faire pour le territoire...* » Être habitué à la ville, à ses services, et partir vivre à la campagne pour en consommer le paysage est une erreur à l'origine de la plupart des tensions entre néoruraux et gens du cru. S'exiler de la ville, c'est aussi sortir de la dépendance aux services rendus par la ville.

• Comment s'y prendre pour ne pas provoquer ces tensions qui semblent irriguer toute la France actuellement ?

CDP • Avec humilité. Personne, nulle part, n'est attendu comme le messie, il faut en être bien conscient... Comment puis-je contribuer ? Comment puis-je accueillir en moi ce qui est déjà présent ? Quelle est la base de l'échange ? Je pense que c'est un enjeu essentiel qui contribue très largement à la bonne compréhension des uns et des autres, en tout cas au début. Quand tu arrives comme le nouveau de la classe, les autres élèves sont très curieux, donc ne pas hésiter à utiliser cette curiosité ! Nous, à la ferme, nous avons organisé des portes ouvertes. Les gens nous en parlent encore, parce qu'il n'y avait littéralement pas de portes ! C'était une ruine, mais ils ont répondu présent. On proposait des schémas sommaires sur des paperboards en détaillant notre projet. On disait : *« Devenez copropriétaires de la ferme, du café-librairie, ça va être super ! »* L'agriculture biologique et la propriété collective étaient des principes non négociables, elles étaient l'essence même du projet. Nous avons donc créé une société civile immobilière (SCI) coopérative avec 125 copropriétaires. On a présenté ça aux gens avec une telle fraîcheur, une telle naïveté... on était à un niveau de radicalité qui nous dépasse aujourd'hui ! Mais, comment dire... les gens ont suivi !

1. Le solde migratoire mesure la différence entre les arrivées et les départs sur une commune ou un territoire, tandis que le solde naturel prend en compte naissances et décès.
2. La biorégion se définit par des limites naturelles et non politiques ou administratives. Elle dispose de caractéristiques géographiques, climatiques, hydrologiques et écologiques capables d'accueillir des communautés vivantes humaines et non humaines uniques. On peut les délimiter par la géographie des bassins versants ou par les écosystèmes de faune et de flore particuliers qu'elles présentent.

Sacrée rencontre

PABLO SERVIGNE

David Holmgren et Bill Mollison. L'élève et le professeur. Les deux concepteurs de la permaculture, cette méthode de design de systèmes soutenables au destin international. Née en Tasmanie dans les années 1970 à la suite des chocs pétroliers, elle a essaimé tout autour du globe depuis presque un demi-siècle, hors des circuits académiques, changeant la vie de millions de personnes et les aidant à construire une vie plus soutenable en prévision de la grande « descente énergétique » à venir.

J'ai connu David Holmgren par les livres, au milieu des années 2000. Un choc. C'était à Bruxelles, à l'époque des débuts de l'agriculture urbaine, des squats, des jardins collectifs… La permaculture était rhizomatique, underground, vivante grâce à quelques rares formations données par les pionniers. Elle était géniale, car elle apportait une vision systémique de l'action, ainsi que des principes simples à appliquer à n'importe quoi. Des principes magnifiques, issus du vivant et des peuples premiers.

À partir de 2008, il y a eu le boom des Villes en Transition, du Britannique Rob Hopkins, un formateur en permaculture… très influencé par David Holmgren. Le cœur de ce mouvement international a toujours été de préparer la « descente énergétique », ensemble, dans la joie, en construisant un monde que nous nous permettions de rêver… et toujours très conscients des risques catastrophiques. Pour Hopkins, une initiative de Transition sert à créer « des paysages comestibles », autrement dit de la permaculture à grande échelle.

David et moi nous sommes parlés en mai 2021 par visioconférence, Covid oblige, mais surtout car il vit en Australie et que nous voyageons peu. Avec lui, c'est bizarre, il paraît si loin (8 h de décalage), et pourtant si proche… J'ai eu cette impression paradoxale de parler à un frère tout autant qu'à un grand auteur, à un ancien… très jeune dans sa tête, à un praticien… super théorique. Avec lui, tout est complexe et pourtant si fluide. ›

david
HOLMGREN

AUX ORIGINES DE LA PERMACULTURE

PABLO SERVIGNE
David, je suis très heureux d'avoir une conversation avec toi. Pour moi, c'est une grande émotion de parler à l'une des personnes qui ont le plus influencé ma vie et ma façon de penser! Voici ma première question : quelle était la motivation des jeunes – ainsi que la tienne – dans les années 1970 en Australie?

DAVID HOLMGREN
Je pense qu'il y a eu à la fois des peurs et des élans positifs, qui m'ont conduit à ce que Bill Mollison et moi avons fini par appeler la permaculture. Ayant grandi dans une famille très politisée à gauche *(« radicals »)*, j'étais habitué aux idées de lutte pour la justice sociale. Pour ma génération issue du baby-boom et de la révolution *« sex, drug & rock n'roll »* de la fin des années 1960 et du début des années 1970, il était difficile de se rebeller contre ses parents... « cools », d'une certaine façon.
Quand j'ai croisé la route de Bill Mollison, ce n'était pas seulement lui et ses idées que j'ai rencontrés, mais aussi son cercle d'amis, par exemple des personnes qui construisaient dans leur cour des bateaux pour la haute mer qu'ils avaient eux-mêmes conçus sur papier ! Et s'ils ne faisaient pas les choses eux-mêmes, ils connaissaient quelqu'un qui pouvait le faire. Pour moi, c'était un monde très responsabilisant et motivant, ce monde de confiance en soi et en la collectivité, plutôt qu'un monde de dépendance à un système plus large.

© DR
Bill Mollison
1928-2016

PS • Tu as parlé de la peur. Quelle était-elle à l'époque? Le pic pétrolier? L'apocalypse nucléaire? Les pénuries?

DH • Quand j'ai emménagé chez Bill Mollison, en 1974, j'ai vu qu'il y avait des dizaines de bacs contenant du riz, du sucre, des bougies, ainsi que des munitions pour les fusils qui étaient accrochés au mur. C'était un foyer rural et il y avait des armes à feu. Il stockait de la nourriture pour l'effondrement, et je lui ai demandé : *« Pourquoi le riz blanc ? Pourquoi pas du riz brun ? »* Et il a répondu : *« Oh, ça ne se conserve pas comme le riz blanc. »* [rires]
Il y avait donc certainement une crainte à cette époque, après la publication du rapport *Les Limites à la croissance (Limits to Growth)* en 1972, et, bien sûr, la crise pétrolière de 1973. Ce rapport parlait d'un effondrement de la société industrielle pour le XXIᵉ siècle, mais l'événement de cette première crise pétrolière a montré à quel point la société moderne était dépendante du pétrole et d'autres ressources en voie d'épuisement.

PS • Donc il n'était pas vraiment question de nucléaire, de biodiversité ou de climat...

DH • Non, le risque de guerre nucléaire était un élément constant de l'équation. La première action politique dont je me souviens dans mon enfance a été de marcher 20 kilomètres de Perth à Fremantle pour l'interdiction de la bombe en 1962. J'avais sept ans. Tout le monde était très conscient des risques de conflit nucléaire pendant la guerre froide.
La question du climat et de la destruction écologique était bien présente, mais pas aussi forte que la question de l'épuisement des ressources et du nucléaire. Tout cela, combiné au mouvement de la contre-culture, a donné naissance aux « communautés

© DR

© DR

intentionnelles » et au mouvement du « retour à la terre », à l'émergence des mouvements d'agriculture biologique et aux débuts de l'environnementalisme, qui étaient très puissants en Tasmanie.

PS • Le but de la permaculture était donc de créer de la soutenabilité afin de répondre au risque de dépendance au pétrole, et aussi de régénérer les écosystèmes…

DH • Le plus grand enjeu était de reconnaître que l'agriculture était l'activité la plus importante et la plus destructrice de la planète. C'est l'activité qui couvre le plus de surface et qui est historiquement à l'origine de l'effondrement des civilisations. L'industrialisation de l'agriculture a massivement étendu ces menaces et a déconnecté les gens de leurs sources de subsistance, avec une énorme dépendance aux combustibles fossiles… Un système où finalement plus d'énergie entre dans le système alimentaire que ce qui en sort comme nourriture !
Ce paradoxe nous semblait très bizarre, étant donné que l'humanité a toujours survécu grâce

Le plus grand enjeu était de reconnaître que l'agriculture était l'activité la plus importante et la plus destructrice de la planète. C'est l'activité à l'origine de l'effondrement des civilisations.

au fait que les humains mettent moins d'énergie à produire de la nourriture que ce qu'ils en retirent ! [rires]
Les deux premières idées de la permaculture étaient de remplacer la monoculture par la polyculture et de remplacer notre dépendance à l'égard des plantes annuelles (qui ne vivent qu'une année, comme le blé) par des plantes pérennes et surtout des arbres, afin de répondre aux besoins humains de manière soutenable, de manière « permanente ».
J'ai donc rencontré Bill Mollison en 1974. Nous avons commencé à parler publiquement des idées de la permaculture en 1976, et le livre *Permaculture One* a été publié en 1978. Mais il est très intéressant de noter qu'en 1977, quinze éditeurs ont approché un universitaire inconnu et acariâtre et un étudiant diplômé totalement inconnu pour publier le manuscrit ! [rires] Cela montre l'intérêt qu'il y avait à l'époque pour ces idées. Les gens voulaient du pratique, pour cultiver des aliments, construire leurs propres maisons, être plus autosuffisants. C'était un vrai mouvement, une réponse populaire de base.
Certes, nous étions désolés pour toutes ces choses plus importantes qui se passaient ailleurs dans la société, mais il fallait bien passer par cette première étape.
Le succès de la permaculture peut s'expliquer par le fait qu'elle s'est saisie de certains principes de vie (qui sont devenus des principes de conception), qu'elle y a ajouté des principes éthiques des cultures indigènes et qu'elle a mélangé tout ça de façon hybride avec la science et avec la modernité, avant de les traduire dans notre langage [voir encadré].

PS • Parlons d'effondrement. Je sais que tu connais bien le sujet, mais tu évites le terme. C'est pour toi une question de stratégie. Tu préfères celui de « descente énergétique ». J'ai toujours compris la permaculture comme un moyen de se protéger des effondrements et de naviguer dans la « descente énergétique ». Alors, la permaculture est-elle une méthode pour contrôler l'effondrement ou pour l'éviter ?

DH • Les deux. D'une part, elle nous éloigne des forces qui nous poussent vers l'effondrement, notamment la croissance de l'économie, la consommation de matériaux, une plus grande dépendance aux ressources qui s'épuisent, l'utilisation de substances toxiques, des pratiques qui endommagent la nature, etc. Donc en réduisant les impacts négatifs, on réduit la

© BRUCE HEDGE

© JESSE GRAHAM

Scénario « *brown tech* »
« technologies brunes »

La lente descente énergétique permet le maintien de structures de pouvoir puissantes qui paralysent tout changement. Politiques centralisées, ultra-sécuritaires, militaires et inégalitaires. Les tensions s'accroissent entre les différentes classes sociales, et le maintien du niveau de vie des élites ne peut se faire qu'au prix d'un sacrifice environnemental et social ahurissant.

Scénario « *green tech* »
« technologies vertes »

Réduction de la consommation de ressources (donc une stabilisation du changement climatique) et faible croissance économique grâce à la relocalisation de l'économie et à l'efficience des technologies.

Scénario « *earth stewardship* »
« prise en charge de la Terre »

Le déclin énergétique rapide met à genou l'économie mondiale. Des communautés locales résilientes peuvent se créer à partir des zones rurales (après exode urbain massif). Elles y parviennent grâce à des techniques d'agroécologie et de permaculture, et surtout grâce au maintien d'une certaine capacité démocratique locale. Plus personne ne croit à la possibilité de maintenir la civilisation. Les gens y ont renoncé et travaillent à créer autre chose de radicalement différent.

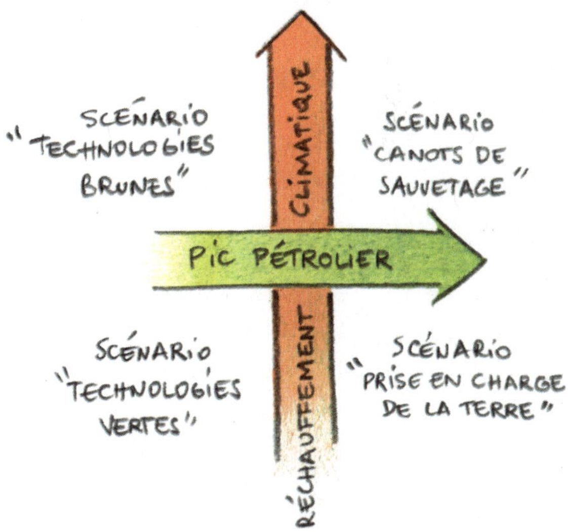

Scénario « *lifeboats* »
« canots de sauvetage »

Les chocs sont tellement rudes pour les sociétés qu'elles ne parviennent pas à se reconstruire de manière stable et décente, même à un niveau très modeste. Des petites enclaves permettraient à une humanité réduite de traverser un âge sombre et d'espérer atteindre une éventuelle renaissance quelques décennies ou siècles plus tard.

> **Les gens voulaient du pratique, pour être plus autosuffisants. C'était un vrai mouvement, une réponse populaire de base.**

probabilité ou la gravité de l'effondrement. D'autre part, elle permet de passer à un cycle régénérateur qui guérit, répare et restaure. C'est-à-dire de construire des systèmes de survie à l'échelle de la communauté et des ménages individuels. C'est l'idée des « canots de sauvetage civilisationnels » *(lifeboats)* qui peuvent s'emparer des éléments d'une civilisation défaillante pour construire quelque chose, des radeaux, et ainsi trouver cette capacité de naviguer à travers l'effondrement. Bien sûr, tout cela dépend de l'échelle de temps et de la vitesse de la transition ou du changement, qui peut se produire à plusieurs niveaux.
La raison pour laquelle j'utilise le terme « descente énergétique » plutôt que « effondrement » (qui est très utilisé par les scientifiques) est qu'en anglais, ce mot véhicule une idée de fin totale, comme une fin de l'histoire et une fin du monde, en particulier à cause du millénarisme de la culture chrétienne occidentale. La fin du monde matériel, la seconde venue du Christ.

Et je voulais aussi faire ressortir la nuance dans la façon dont les choses peuvent se produire, de manière plus graduelle, avec des phases de stagnation, voire de croissance ponctuelle, dans un déclin lent et global. L'étude de cas historique la mieux documentée que nous ayons est celui de l'Empire romain. Cela nous a donné un modèle de ce déclin progressif où il y a ces crises, puis une certaine stabilisation, une autre crise, etc. Ce changement continu, mais par à-coups, est comme ce que nous avons traversé avec la croissance pendant des siècles. Depuis 500 ans ou même plus, si on remonte jusqu'aux débuts des civilisations agricoles, cette croissance a obligé chaque génération, au moins à l'ère moderne, à faire quelque chose de très différent des générations précédentes.
Cette idée se poursuivra à l'avenir. Et c'est l'une des grandes forces que nous portons du passé : cette adaptation au changement. Cela donne l'espoir d'arriver à vivre ce processus d'abandon progressif de la complexité, d'ouvrir à la possibilité d'une décroissance ou d'une descente plus planifiée. Ceci dit, je ne vois pas la grande « descente énergétique » comme un processus intrinsèquement sous contrôle...

PS • Le terme « descente énergétique » est très intéressant, car il met l'accent sur l'énergie. Mais aujourd'hui, la plupart des gens voient surtout le climat ou la biodiversité.

DH • Oui. J'admets que l'un des inconvénients du terme « descente énergétique » est que les gens pensent en termes simplistes d'approvisionnement en carburant pour faire fonctionner des machines ou fournir de l'électricité, parce qu'ils comprennent mal comment l'énergie nette disponible [l'énergie disponible après extraction, ndlr] limite et détermine la capacité d'un système à croître à la fois en termes d'échelle, de complexité organisationnelle interne et de niveaux hiérarchiques d'organisation. Les gens ne comprennent pas que l'énergie est la mesure de ce qui est possible pour l'organisation humaine, c'est une mesure clé !

Ce manque de connaissances énergétiques et écologiques signifie que les gens, même les écologistes, ont tendance à faire la même erreur que les économistes : penser que l'énergie est juste une ressource particulière dont nous avons besoin.
Par exemple, l'un des symptômes de la descente énergétique est qu'une plus grande partie de l'économie est axée sur la récolte, la distribution et le traitement de l'énergie qu'auparavant. En d'autres termes, l'énergie semble peser de plus en plus sur l'économie. Il y a plus de panneaux solaires, plus d'éoliennes, plus de personnes travaillant sur l'énergie. Donc apparemment pas de pénurie d'énergie ! Mais en fait, l'énergie nette nécessaire pour soutenir toutes les autres complexités de la société est en train de diminuer. Et donc la croissance de l'énergie et de l'activité économique énergétique… est en fait un signal qu'il faut économiser l'énergie ! [rires]

PS • Les gens te connaissent surtout pour la permaculture, mais moins pour ton livre *Future scenarios* (2009, non traduit), qui est très politique. Dans cet essai, tu décris quatre scénarios en fonction de deux facteurs : la vitesse de la descente énergétique et les impacts du changement climatique [voir encadré]. Tu as appelé « *brown tech* » le scénario où le niveau de consommation énergétique ne baisse pas, alors que le changement climatique s'accélère. Qu'est-ce que c'est ? Après 12 ans, peux-tu dire que nous y sommes ?

DH • Oui, je pense que *Future scenarios* est intéressant avec le recul historique. Il est clair que nous sommes dans un déclin de l'énergie nette, mais il a été jusqu'à présent très graduel. Cela pourrait toujours s'accélérer ou devenir soudain ! Mais cela signifie donc que nous sommes en quelque sorte entrés dans les deux espaces que j'ai décrits comme « *green tech* »

© DR

Melliodora, proche de Melbourne (Australie), le lieu où habitent et enseignent David Holmgren, Su Dennett (son épouse), et leur équipe.

et « *brown tech* » (pas de rupture énergétique). Il est très important de comprendre que ce ne sont pas des choix que font les gens. Ces scénarios émergent à partir de deux moteurs, ou contraintes, que sont l'énergie nette du pétrole et la gravité du changement climatique. Et depuis quelques années, c'est le changement climatique qui a été extrême, plus que toutes les prédictions officielles. Cela signifie donc que nous sommes passés au scénario « *brown tech* » (« technologies brunes »).

C'est ce que je disais dans mon essai *Crash on Demand* (2013, non traduit), et c'est ce qui a été source de controverse. Surtout lorsque j'ai exploré cette piste d'un krach de la demande pour faire s'effondrer le système. L'idée, radicale, mais réalisable, est que si un certain nombre de consommateurs deviennent responsables et autonomes (une minorité relativement faible de la classe moyenne mondiale) et donc se décrochent du système (provoquant une baisse de la demande), alors on aura peut-être une chance d'empêcher le rouleau compresseur du capitalisme de précipiter le monde dans un chaos. C'est pour moi un meilleur pari que de demander aux élites de tirer les bons leviers politiques, ou de développer des technologies « vertes » par des mouvements de masse.

Dans le scénario « *brown tech* », les crises s'accélèrent à cause du climat, mais aussi à cause des instabilités géopolitiques associées au climat et à la baisse graduelle de l'énergie nette (des tensions sur les ressources). Si l'énergie nette diminue, cela signifie moins de capacité à soutenir les plus hauts niveaux de l'organisation hiérarchique mondiale, et toutes ces structures (ONU, Banque mondiale, etc.) commenceront à devenir instables.

Le pouvoir se relocalise, mais pas comme ce que nous voulons, toi et moi ou Rob Hopkins [rires], non, il y a un retour de l'État-nation. C'est une conséquence des crises climatiques, des pandémies et des conflits géopolitiques. L'idéologie du marché-qui-fournit-des-solutions est en train de se briser, et les gouvernements découvrent qu'ils doivent trouver des réponses, au même moment où les multinationales gagnent en puissance.

Forcément, les réponses aux crises aggravent des crises. Je cite souvent le gouvernement

Principes de permaculture de David Holmgren

Principes éthiques
principes des peuples premiers

- **Prendre soin de la terre (les sols, les forêts, l'eau, etc.)**
- **Prendre soin de l'humain (soi-même, ses proches et la communauté)**
- **Partager équitablement (limiter la consommation, redistribuer les surplus)**

Principes de design
principes du vivant

1. **Observer et interagir**
2. **Capter et stocker l'énergie**
3. **Obtenir une production**
4. **Appliquer l'autorégulation et accepter la rétroaction**
5. **Utiliser et valoriser les ressources et les services renouvelables**
6. **Ne produire aucun déchet**
7. **Concevoir à partir des grands motifs jusqu'aux détails**
8. **Intégrer au lieu de séparer**
9. **Utiliser des solutions lentes et à petite échelle**
10. **Se servir de la diversité et la valoriser**
11. **Utiliser les bordures et valoriser les marges**
12. **Face au changement, être inventif**

Plus d'infos sur
permacultureprinciples.com/fr
et dans le seul livre en français de David : *Permaculture, Principes et pistes d'action pour un mode de vie soutenable*, Rue de l'Échiquier, 2014.

australien, qui décide de construire des usines de désalinisation de l'eau de mer pour faire face à la crise de la sécheresse, afin de fournir de l'eau aux grandes villes. Mais, ce faisant, elles augmentent les émissions de gaz à effet de serre. Rétroaction positive. C'est pareil avec les très grandes structures en béton pour protéger les villes de la montée du niveau des mers, etc. Un autre aspect, très important selon moi, est que les gouvernements se retrouvent dans une situation contradictoire où ils ne peuvent pas assurer la sécurité alimentaire ou les services d'électricité pour toute la population, comme ils pouvaient le faire par le passé. Et donc ils encouragent les personnes éloignées dans l'arrière-pays rural ou aux marges de la société à partir ou à être autonomes (« débrouille-toi ») ou alors à revenir vers les villes, où le gouvernement pourra s'occuper d'eux. Cela signifie donc que le système est en conflit interne. D'un côté, ça l'arrange d'avoir à s'occuper de moins de personnes, mais, de l'autre, il a besoin d'une masse critique de consommateurs pour rendre les systèmes viables.
Le système d'approvisionnement alimentaire est centralisé. Le gouvernement fera tout pour qu'il y ait de la nourriture dans les supermarchés. Ils ne laisseront pas le système centralisé s'effondrer. Je pense qu'il y a deux choses que le gouvernement fera jusqu'au bout : défendre les frontières et nourrir la population. S'ils ne font pas ces deux choses, alors ce n'est plus un gouvernement.
Mais ces sociétés qui dirigent le système alimentaire centralisé, et qui ont besoin de consommateurs, finiront par considérer les gens autonomes de la périphérie comme une menace. Les gouvernements seront donc en tension, au milieu du jeu de quilles. Et ce n'est pas un plan diabolique élaboré par de mauvaises personnes, c'est juste un problème structurel du système.

PS • Ton dernier livre, *Retrosuburbia*, est donc une réponse à cela ?

DH • Oui. Il y a des pays, dont l'Australie, où l'aménagement du territoire sépare nettement la ville de la campagne, la vie très urbaine de la vie de village. L'idée de *Retrosuburbia* a été conçue pour ces pays avec de vastes zones résidentielles autour des villes et villages, avec des maisons individuelles et des petits bouts de terrain, et où il est possible d'avoir un certain degré d'autosuffisance.
L'idée est que ces zones n'ont pas besoin d'être restructurées à grande échelle et de manière très complexe, comme c'est le cas dans les zones urbaines denses, où il est difficile de se lancer tant que l'ensemble de la société n'est pas d'accord. Au contraire, dans l'environnement rural, il y a beaucoup plus d'autonomie et de capacité à faire des choses, tout peut être transformé sans trop dépenser d'énergie, progressivement et par les habitants eux-mêmes. En France, il est donc probable que le livre s'adresse plutôt aux villages et aux petites villes.

J'ai exploré cette piste d'un krach de la demande pour faire s'effondrer le système.

PS • Quelle est l'excuse que tu ne voudrais surtout pas donner à tes petits-enfants, sur ton lit de mort ? Ta pire excuse ? [Petit clin d'œil au projet français *Sorry children*]

DH • [rires] Eh bien… euh… Je suppose que ce serait de prétendre que nous ne savions pas ce qui allait arriver ! [rires] Évidemment, on ne peut jamais savoir ce qui va se passer dans le futur, mais c'est ça que je ressens, c'est ma réponse. Tout au long de ma vie, nous avons eu la preuve que la vie ordinaire des gens aisés modernes était un crime contre la nature et un crime contre les générations futures. C'était une prise de conscience impossible à vivre. Alors la plupart des gens ont suivi un processus de déni. Parce que, par définition, la vie ordinaire et quotidienne doit être définie comme bonne. Sinon, on devient fou.

PS • Tu cites l'aphorisme « Collapse now and avoid the rush » (s'effondrer maintenant et éviter la ruée), qui est repris par beaucoup de « collapsniks » [des spécialistes du collapse dans les autres pays, surtout anglo-saxons]. Il fait probablement référence au slogan publicitaire « Achète maintenant et évite la ruée ». Peux-tu l'expliquer pour le cas du collapse ?

DH • J'ai vécu – nous avons vécu – comme si l'eau et la nourriture étaient précieuses. Nous n'allons pas acheter des fruits à l'autre bout du monde. Nous choisissons de ne pas sauter dans un avion pour aller donner une conférence. Nous agissons comme si nous ne pouvions pas le faire, comme si ces choses n'étaient pas possibles. C'est ça le sens de « collapse now » (s'effondrer maintenant). Il s'agit délibérément de ne plus profiter des avantages de la civilisation industrielle.

Progressivement, d'une contrainte, ça devient un plaisir, une nécessité. Dans un premier temps, choisir de ne pas participer à quelque chose que tu aimes, puis, dans un deuxième temps, en venir à ne plus l'aimer. Ça devient une meilleure manière de vivre. Alors, quand ces choses disparaissent, ce n'est plus un problème.

Par exemple, j'ai vécu toute ma vie en supposant qu'il n'y aurait pas d'aide sociale pour ma vieillesse. Je m'y suis toujours attendu. Je n'ai pas de pension de retraite. Et quand la pandémie est arrivée, notre entreprise a été très affectée, mais nous avons fait une restructuration et nous n'avons pas demandé d'aide au gouvernement. Bon, il est clair que ce n'est pas la même chose que de vivre un effondrement social généralisé, car tu dois alors faire face à la souffrance des autres personnes, des structures politiques et de tout le reste. Mais c'est quand même une préparation psychologique qui nous amène à rire lorsqu'on voit des gens se battre pour avoir accès au papier toilette ! [rires]

PS • Très belle chute ! David, c'était un honneur, un bonheur. Merci beaucoup pour ton temps et pour tout ce que tu as fait. J'adorerais te serrer dans mes bras… mais ça sera dans une autre vie, peut-être ! [rires]

Pour aller plus loin…

› *Permaculture One: A Perennial Agriculture for Human Settlements*, Transworld Publishers, 1978 (avec Bill Mollison).
› *Future scenarios, How Communities Can Adapt to Peak Oil and Climate Change*, Green Books, 2009.
› *Permaculture, Principes et pistes d'action pour un mode de vie soutenable*, Rue de l'Échiquier, 2014 (la version anglaise date de 2002).
› *RetroSuburbia: The Downshifter's Guide to a Resilient Future Hepburn*, Victoria: Holmgren Design, 2018.

Plein d'infos sur **holmgren.com.au**

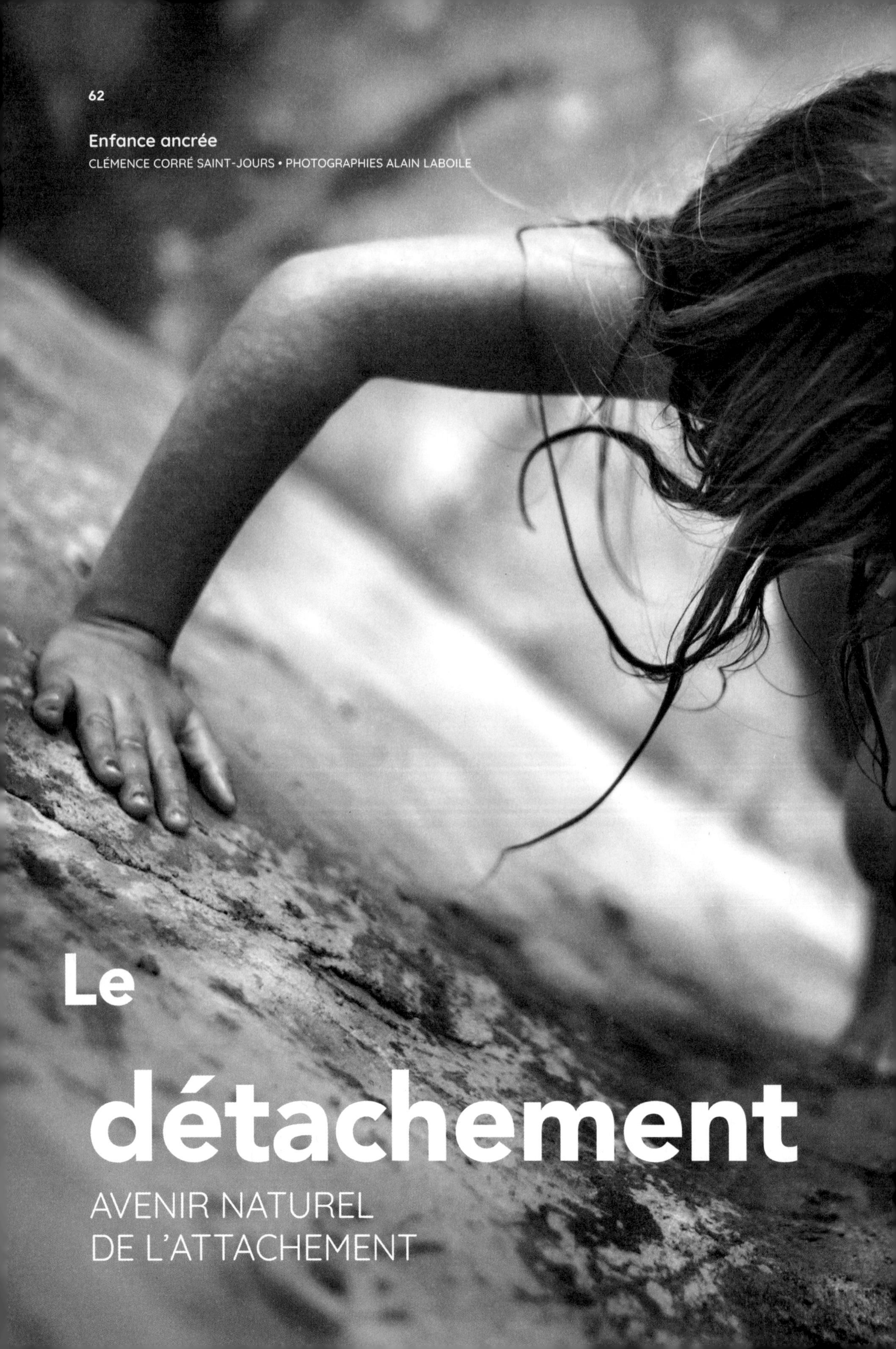

CLÉMENCE CORRÉ SAINT-JOURS • PHOTOGRAPHIES ALAIN LABOILE

Le détachement

AVENIR NATUREL DE L'ATTACHEMENT

Et si nous osions regarder en face nos comportements d'ingérence auprès de nos enfants, petits ou grands ? Acceptant de faire ainsi un pas de plus dans une démarche d'autonomie. Et si un détour par nos intestins malmenés pouvait nous apporter un souffle de renaissance ?

L'entrave

Tout en me parlant, il se baisse, attrape machinalement le pied de son fils assis sur le banc, puis enfile la chaussure préalablement délacée. Ses mains tâtent, nouent, serrent, vérifient, réajustent, tandis que son regard alterne entre mon visage et la chaussure maintenant bien ficelée. L'enfant se lève, tend les bras, son père glisse le blouson d'un côté puis de l'autre avant de remonter prestement la fermeture Éclair. L'enfant se tourne alors vers moi, la directrice, avant de me dire « à demain ». La porte de l'école se ferme.

Trois heures auparavant, ce garçon de presque sept ans courait dans le jardin, chaussé et habillé par ses propres moyens, suffoquant sous les couches de vêtements préparées par ses parents pour « ne pas prendre froid ».

L'année suivante, cet enfant décidera seul de s'affranchir des injonctions parentales et jouera pieds nus dans l'herbe mouillée, en tee-shirt, tandis que le vent froid soufflera dans la prairie, le rouge aux joues et le rire aux lèvres.

Il m'est bien facile de décrire cette scène si commune dans les écoles ; il m'est plus difficile de voir (et d'avouer) qu'à mon tour, il m'arrive d'imposer une aide non nécessaire, voire humiliante, auprès de mes enfants. Pour écrire ce texte, j'ai bien cherché des exemples, quelques-uns me sont venus en tête, cependant tous se trouvaient déjà discutés en famille et un peu anciens… Bizarrement, j'ai eu comme un coup de brouillard ou d'amnésie concernant des situations où j'aurais pu me mettre dans une position d'ingérence. Je ne voyais que celle des autres, à qui je me hâtais de la leur reprocher. (Ah ! j'ai beau le savoir, je m'y fais prendre à chaque fois : ce que je reproche à l'autre est ce que je ne vois pas de moi !)

Alors, ce soir, je leur ai posé la question. Et voici la réponse de l'un d'eux : « *Ça me dérange quand tu essaies de m'aider au jardin, car tu prends les choses en main trop facilement. Du coup, je n'arrive pas à voir mes erreurs et surtout ce que je n'arrive pas à gérer ou non. J'ai aussi l'impression que tu ne me considères pas capable de m'en occuper ou de déléguer ce que je n'arrive pas à faire ou ne me sens pas capable de faire.* »

Merci, mon fils. Les choses sont dites et mon attitude apparaît clairement.

À 16 ans, ses mots touchent juste et me montrent que je n'ai pas mesuré l'impact de mon attitude de ces dernières semaines, alors qu'il se lance dans un projet de forêt nourricière.

Les mots de Jeff Foster résonnent dans ma tête : « *Dès que vous cessez de vouloir "m'aider", vous devenez extrêmement utile pour moi !* [...] *Réalisez-vous enfin que lorsque vous essayez de me sauver, vous vous délaissez vous-même ? Vous fuyez votre propre malaise, votre potentiel inaccompli, pour vous focaliser sur le mien ? Je deviens votre ultime distraction. Je ne veux plus jouer ce rôle pour vous.* »[1]

En prenant l'initiative plutôt que de simplement répondre passivement à ses besoins, j'ai usurpé son cheminement, je l'ai empêché de trouver par lui-même et pour lui-même les solutions qui lui conviennent. Je ne comprends pas son chemin ? Bien sûr ! Et je n'ai pas à le comprendre, puisque c'est le sien !

En périphérie

Dans son livre *Le Concept du continuum*, Jean Liedloff relate son expérience auprès de tribus vénézuéliennes et nous offre la description d'une nouvelle conception de notre nature humaine : « *Sa mère vaque à ses occupations et son regard n'est en aucun cas rivé sur lui. Elle est cependant réceptive et disponible à chaque moment où son bébé revient vers elle. Au petit qui cherche réconfort, elle n'interrompt pas son activité, ne tend pas les bras, mais l'accueille calmement dans sa totale disponibilité ou le place sur sa hanche si elle se déplace.* »[2]

La périphérie de notre attention est une place privilégiée pour les jeunes. Ils peuvent trouver leurs propres centres d'intérêt sans entrave de notre part, observer les coutumes de leur tribu pour intégrer les attitudes sociales qu'ils utiliseront plus tard.

Je me souviens de ces longues heures passées auprès de mon bébé, seule à la maison, à tenter de l'endormir en le tenant dans les bras, lui pleurant et moi rageant de tout ce temps perdu... jusqu'au moment où je l'installais dans l'écharpe et commençais le ménage, partais randonner entre amies ou faire des courses. Il s'endormait rapidement et paisiblement, détendu de ne plus être le centre de l'attention et bercé par mes gestes actifs.

C'est, bien sûr, plus simple avec un deuxième ou un troisième enfant, le bébé observe nos gestes depuis la périphérie, nos yeux fixés sur autre chose... généralement l'aîné, qui cumule les années à rester le centre de notre attention. Je me questionne d'ailleurs sur l'impact de l'organisation familiale dans notre société, qui place les enfants uniques sous les feux de la rampe de leurs parents – qu'en est-il ? Notre vie me semble si éloignée d'une organisation en tribu où vie et travail sont confondus ! J'aime concevoir ce dernier comme une simple activité de fonctionnement quotidien, vécu pleinement comme un *amour rendu visible*, ainsi que le décrit Khalil Gibran dans *Le Prophète*. Je rêve de le vivre depuis des années et voici que, sans m'en apercevoir, j'ai perpétué le système qui m'a tant pesé tout au long de mon enfance et adolescence.

> En prenant l'initiative plutôt que de simplement répondre passivement à ses besoins, j'ai usurpé son cheminement, je l'ai empêché de trouver par lui-même et pour lui-même les solutions qui lui conviennent.

Un autre modèle à inventer

Qu'est-ce que l'école classique propose d'autre qu'un suivi pédagogique rassurant (uniquement pour l'adulte), basé sur des compétences sociales et académiques à acquérir, où l'enseignant et le parent cherchent en permanence à savoir où en est l'enfant, le plaçant ainsi au centre d'une attention étouffante ? Aujourd'hui, je comprends plus profondément encore la démarche de Maria Montessori consistant à libérer l'enfant de l'attention permanente de l'adulte, en créant des communautés de grand nombre d'enfants d'âges mélangés, s'auto-organisant en microsociété. La difficulté la plus grande que j'ai rencontrée personnellement, et que j'ai pu observer chez d'autres éducateurs, est de préparer l'environnement permettant à l'adulte de trouver cet équilibre entre la présence disponible et la discrétion nécessaire à l'activité libre et responsable de l'enfant. Tout ceci, cependant, évoluait dans le cadre scolaire, donc limitant, encore loin de ce que la vie qui pulse en l'enfant l'exhorte à vivre.

Mon expérience au sein d'une école pensée pour l'autonomie de l'enfant et de ses parents m'a amenée à vivre les limites du modèle « école » (y compris au sein d'un projet innovant), après avoir vu les limites du modèle « instruction en famille », qui reproduit, lui aussi, ce regard focalisé sur les jeunes. Notre civilisation en déclin nécessite une autre approche. Et les « nouveaux enfants » porteurs de « dys-quelque chose » ou de trouble du déficit de l'attention avec ou sans hyperactivité (TDAH) nous alertent sur les effets du stress[3] qui évolue au sein des générations actuelles.

Symbiose

Je vous invite à faire un détour et à explorer l'un de nos cerveaux… celui de notre intestin ! À l'intérieur de celui-ci évolue un microbiote[4] particulier. Le fœtus en possède déjà un, et son intestin est ensemencé naturellement par la flore de sa mère à sa naissance. Des études de plus en plus nombreuses indiquent que l'équilibre de ce microbiote a un impact sur le développement du cerveau, la santé physique et mentale, notamment la capacité à réguler les émotions.

L'anxiété liée au stress perturbe l'harmonie de la flore intestinale et y crée un contexte pro-inflammatoire qui contribue à l'atteinte des neurones, de même que l'ingestion d'éléments toxiques tels que café, thé, sucre, additifs alimentaires, alcool, métaux lourds, antibiotiques (étymologiquement du grec *anti* : « contre » et *bios* : « la vie »), ainsi que des pratiques telles que les cuissons et associations alimentaires néfastes ou l'excès d'asepsie ; et de manière plus vaste l'effondrement de la biodiversité et même l'appauvrissement des sols (et donc de nos légumes)...

Tous ces éléments ont des répercussions immédiates sur l'état du microbiote intestinal et la porosité de la muqueuse intestinale, impliquant des effets à court et long terme pour l'enfant sur sa croissance, la régulation de ses humeurs, ses comportements, jusqu'à impacter ses prises de décision tout au long de sa vie. Ainsi, en tant que parents, nos propositions alimentaires et comportementales construisent l'avenir de nos enfants. Et de l'humanité...

La diversité de la flore de la mère conditionne celle de son bébé, qui s'aggrave au gré des aléas de la vie et au fil des générations. Ainsi voyons-nous apparaître et se développer depuis trois générations différents troubles : « dys », autisme, problématique du haut-potentiel si sensible au stress, maladies auto-immunes, neurodégénératives, psychologiques, voire psychiatriques...

En quelques générations, nous avons créé des microbiotes dégénérés qui nous rendent de plus en plus hypersensibles aux agressions, ce qui déséquilibre notre flore intestinale, laquelle détermine à son tour nos comportements alimentaires et nos choix de vie. La boucle est bouclée et le sentiment d'insécurité latent nous amène à chercher réassurance et attachement à l'extérieur de nous. Sous l'éclairage de ces informations[5], nous comprenons que nous ne sommes ni libres mangeurs, ni libres penseurs...

La bonne nouvelle !

Le détachement est l'avenir naturel de l'attachement. Il ne peut se réaliser que lorsqu'un lien sécure à l'adulte s'est bien développé, comme un cordon ombilical. Un enfant qui a connu suffisamment de sécurité et de stimuli dans les bras de ses parents naturels ou adoptifs part à l'aventure avec un sentiment de sécurité intériorisé, la structure de son cerveau se modelant par les interactions avec les personnes de son entourage.

Jeune mère, j'avais retenu de mes lectures que tout se jouait avant six ans, et cela générait en moi une grande détresse, car je me sentais inexpérimentée et en mauvais départ dans la relation avec mes fils. Puis, l'observation au sein de mon foyer et à travers mon travail en école, ainsi que l'épanouissement des neurosciences, m'ont apporté une grande nouvelle : « *Le cerveau est plastique et peut se reconfigurer à tout moment de la vie. Il suffit que dans un sous-ensemble* [de son système « environnement »] *un élément nouveau apparaisse, suffisamment proche pour ne pas être rejeté comme incompatible, et cependant suffisamment différent et porteur d'une forte valeur informative, pour que l'ensemble du système s'en trouve modifié. Ou alors on peut assister à l'intégration d'éléments différents proches entre eux, dont l'accumulation finit par introduire une masse critique*

En tant que parents, nos propositions alimentaires et comportementales construisent l'avenir de nos enfants. Et de l'humanité...

faisant basculer les paramètres du schéma d'origine ».[6]
Voilà qui inspire de l'espérance pour des enfants insécures ayant vécu des manques affectifs dans leurs premières années, et aussi à nous, parents (qui contractons des assurances contre les accidents de la vie par manque de sécurité intérieure).
Cette découverte fabuleuse nous informe que nous pouvons activer de nouvelles connexions neuronales en modifiant certains paramètres de notre environnement, même une fois devenus parents!
Cependant, toute modification trop franche de nos certitudes active des mécanismes de résistance pour maintenir la stabilité de notre système, car *« pour quelqu'un habitué au bord du désespoir, un pas de géant vers la sécurité est aussi intolérable que la réalisation de ses cauchemars. »*[2]
La volonté est donc loin d'être suffisante pour changer un comportement. Il s'agit d'y aller pas à pas, avec douceur et conviction. Ainsi se fait le détachement, une étape du mouvement d'autonomie qui anime tout animal, dont l'humain.

Se détacher

« Changer de peau est douloureux et effrayant, mais il est bien plus douloureux de continuer dans son ancienne peau ».[1]
Chaque matin, je prends un temps important pour mon équilibre : mon *miracle morning*[7]. J'y ai intégré la technique des petits bonshommes allumettes, créée par Jacques Martel[8]. Il s'agit de libérer une relation de nos attachements conscients ou inconscients. Cette pratique m'a fait grandir au fur et à mesure où j'ai reconnu, puis honoré chaque relation avant de la libérer de mes attentes. Car la relation est pour moi ce qui est de plus précieux.
Je me suis rendue compte que je maintenais des tensions dans chacune de mes relations aux autres. Plus fortement encore dans celle qui me reliaient à mes enfants. Un jour de désespoir, il y a presque trois ans, j'ai osé couper les liens d'attachements avec eux. Et j'ai pleuré... Qu'avais-je fait là? J'ai cru avoir perdu leur amour à jamais!
En réalité, nous l'avons enfin découvert ensemble. Quelque chose de serein s'est ouvert entre nous, empli d'honnêteté et d'amour. J'en éprouve de la gratitude chaque jour.
Je pense que c'est grâce à cette confiance présente entre nous que mon fils a osé m'expliquer si clairement mon attitude entravante.

Au petit matin

La nuit est passée... je sors mon carnet « spécial petits bonshommes allumettes » pour libérer encore un peu plus cette relation qui m'est si chère de quelques scories résiduelles.
Toi qui lis, je t'invite à prendre régulièrement papier et stylo pour tracer des petits bonshommes allumettes comme des poupées vaudous de l'amour. ɣ

1. Jeff Foster, *La Joie de la vraie méditation*, éditions Almora.
2. Jean Liedloff, *Le Concept du continuum*, éditions Ambre.
3. Stress : le CESH (Centre d'Études sur le Stress Humain) met en évidence quatre situations qui peuvent déclencher le stress : une perte de contrôle, de l'imprévisibilité, de la nouveauté ou une menace à notre ego.
À notre époque, quel enfant de nos pays riches peut être considéré préservé de tout cela?
4. Microbiote : ensemble des organismes (bactéries, microchampignons, protistes) vivant dans un environnement spécifique chez un hôte ou une matière (Source : Wikipédia).
5. Vous pouvez trouver ces informations et bien d'autres, sourcées, dans l'ouvrage de Denis Riché *Comment le microbiote gouverne notre cerveau*, éditions Deboeck.
6. Caroline Jambon, créatrice du blog apprendreaeduquer.fr et autrice de *La Co-éducation émotionnelle*, éditions Hatier.
7. Hal Elrod, *Miracle Morning*, éditions First.
8. Lucie Bernier et Robert Lenghan, *La Technique des petits bonshommes allumettes*, éditions Atma. Il existe des vidéos de Jacques Martel sur le Net, très explicites, et avec l'accent!

KARINE NIVON
ILLUSTRATIONS LISON BERNET ET GAIA ORION

“Parfois je me rends compte
à quel point j’ai été stupide
et humaine de penser que j’avais
besoin d’un antidote pour
la ménopause.
C’est comme de tenter de soigner
les orages, les bourgeons
de tulipe ou la tombée du jour.
Quand j’étais une jeune femme,
j’étais guidée par ma biologie.
Maintenant, je me laisse
remorquer par mon esprit.
Et quand je me réveille, dans
le noir, irradiante de chaleur,
je ne prie pas une divinité du Ciel,
je m’en remets à la beauté
du monde.”

Darcey Steinke,
Flash Count Diary: A New Story About the Menopause

Un art de vivre, d'affiner, de mûrir sa sexualité

OU COMMENT L'ANDROPAUSE FAIT MIROIR À LA MÉNOPAUSE

On parle beaucoup des symptômes de la ménopause comme d'une fatalité, avec comme réponse une prise d'hormones. Et on entend si peu de femmes et d'hommes parler de leur intimité, l'âge avançant. Quant à l'andropause… quesaco ? Mythe ou réalité ?

J'ai 62 ans, mon corps a changé. Je m'arrondis, mes seins ne sont plus aussi fermes, ils pointent vers le bas. Je n'ose plus me montrer nue devant toi. Je deviens invisible au regard de tous, sauf des labo pharmaceutiques.

J'étais frileuse ; maintenant, j'ai souvent trop chaud. La moindre émotion qui me traverse se traduit en vapeur. Besoin irrésistible de me découvrir. Oui, c'est ça ! Me découvrir… Mieux me connaître, me dévoiler et te dévoiler celle que je n'osais regarder en face.

J'ai peur que tu ne m'aimes plus, que tu ne me trouves plus désirable. Que tu te tournes vers ces femmes plus jeunes, sensibles à tes charmes d'homme mature.

Je n'ai plus toute la vie devant moi. Je ne vais pas me lancer dans 15 000 projets. J'ai envie de faire des choix, d'aller à l'essentiel. Il est temps que je vive pleinement jusqu'au dernier jour. Temps d'offrir de la place à ce qui m'anime au plus profond, met en joie mon être et me fait pétiller. Ce qui me rend joyeuse et m'invite à cultiver la joie de vivre. Et toi, mon ami de toujours, tu participes grandement à ce long voyage. Je désire te dire mes désirs, te nommer plus clairement ce que j'aime ou ce qui ne me convient pas.

Que se passe-t-il pour toi ?

Crains-tu de ne plus pouvoir être en érection ? C'est tellement tabou ! Je respecte ta pudeur et j'aspire tellement à ce que nous puissions communiquer sur tout ! J'aime voir dans tes yeux les émotions qui te traversent, ta vulnérabilité.

Je vois les femmes te regarder, du désir plein les yeux. Ça ne te laisse pas indifférent. Moi non plus ! Moi, on ne me regarde plus. Je me sens vieille, inutile, « has been ». Même dans les films, on admire des scènes de séduction entre de jeunes femmes et ces hommes sexy d'âge mûr, mais on ne voit pas de femmes sexagénaires avec des hommes bien plus jeunes. Ça pourrait même me mettre mal à l'aise.

Les enfants ont quitté le nid depuis longtemps, il est temps de revenir à soi. J'ai à peine appris à considérer ma sensibilité, j'en ai trop peu tenu compte. « Ce n'est rien, c'est pas grave... »

Depuis quand je penche vers toi en imaginant que c'est ce que tu attends, à m'aliéner à tes désirs, à enfouir mes colères et à m'anesthésier ? Depuis quand est-ce que je me tais, je m'invente plein d'excuses par peur de te blesser ?

Je me force pour ne pas te décevoir. Je me maltraite. Je crois que c'est à toi de me faire l'amour, de connaître mon corps mieux que moi, de me procurer du plaisir. Je réalise combien cette pression est forte pour toi. Au nom de quoi devrais-tu me connaître mieux que moi ? Quel manque de considération ! Pour toi et pour moi.

Où est passé mon désir de vivre ?

Qu'est-ce que ce serait de m'engager dans mon comportement sexuel ?

Aurais-je des colères refoulées qui me feraient croire que je n'ai pas d'énergie ?

Je vis ma sexualité comme le reflet de la connexion à ma vie intérieure... Je l'ai lu quelque part...

J'ai remarqué que lorsque je ne tiens pas compte de moi, je m'assèche et je bous ! Et j'embue la voiture, je trempe les draps... Je sens la chaleur m'envahir avant même qu'elle ait occupé tout le devant de la scène. Elle me permet de prendre conscience de mes émotions, justement celles que je n'écoutais pas. Maintenant, je ne peux plus faire comme si elles n'existaient pas.

> **« L'art de bien vieillir est semblable à un horizon qui, plutôt que de s'assombrir, s'ouvre à plus grand que soi. »**

Comment allons-nous nous offrir de la douceur ?

Ce qui me nourrit dans la relation ? Ce n'est pas une performance sexuelle. C'est lorsque tu as une attention délicate pour moi, pour nos proches, lorsque tu me souris, me caresses les cheveux, lorsque tu tiens compte de ce que j'apprécie ou pas.

Et toi, mon ami, que souhaites-tu dans notre relation ?

Ah oui, je me souviens que lorsque tu cuisines, tu n'aimes pas que je te fasse des commentaires... comme le faisait ta mère ! Oui, je vais prêter plus attention à ce qui te met en tension.

Vais-je m'autoriser à te dire mon désir ?

Puisque nos corps changent, que nous ne vivons plus au même rythme qu'avant, j'ai envie que notre sexualité nous ressemble plus, qu'elle soit le reflet de notre relation, bien plus que l'idée de ce qui est véhiculé dans certains magazines ou films...

Moi, j'ai envie que tu m'approches en tendresse, que tu me dises des mots doux, que tu me caresses la nuque. J'ai envie que nous partagions des massages, que tu me masses les seins et que je te dise précisément comment j'aime que tu les touches.

Tu sais, parfois, il n'est pas possible de les caresser directement, parce qu'ils sont trop sensibles. Ils ont besoin d'être apprivoisés. J'aimerais que tu les caresses très légèrement à travers un voile de soie. Par moment – je te dirai quand – j'aime que tu les égaies en effleurant juste les tétons.

Des fois, j'aime que tu commences à les masser à leur base près des côtes, et que tu remontes au centre en allant vers les épaules, avec une huile de coco. Ça me procure la sensation que mon cœur se dilate et s'ouvre.

Maintenant, j'aimerais que tu les accompagnes d'un toucher de velours, que tu suives leurs courbes, leur rondeur. En fait, je n'aime pas vraiment que tu fasses des mouvements de haut en bas, même si mes tétons s'érigent. C'est plutôt désagréable comme sensation.

Et là, maintenant que je sens mon cœur plus ouvert, j'ai envie que tu t'approches de leur pointe érectile, que tu les goûtes avec ta langue.

J'aime quand tu les touches très délicatement du bout des doigts, puis quand tu les caresses langoureusement.

Le massage, tes caresses de mots, m'ouvrent et me rendent disponible, sans tension, dans la détente, pour t'accueillir plus en profondeur.

Tu sais, l'érection n'est pas fondamentale. Si un jour elle disparaît, et si tu le veux bien, tu pourras me pénétrer avec tes « 11 autres pénis »... l'un de tes doigts, ta langue... J'ai envie de sensualité, d'une sexualité détendue, sans attente de résultat autre que le bonheur de se regarder, se sourire, sentir nos cœurs battre, respirer la chaleur de ta peau.

Et toi, tu veux bien me dire comment tu veux que je m'approche de toi ?

Et si on se rencontrait comme si c'était la première fois ?

Oui, nous nous connaissons bien, nous savons ce qui fait plaisir à l'autre, mais... cela ne nous enferme-t-il pas dans du connu, des habitudes bien rôdées ?

Et si on inventait comment cultiver notre capacité à nous émerveiller ?

Ménopause, andropause

Est-ce une maladie ? Un passage ? Quel impact y a-t-il sur la sexualité ? Est-ce un symptôme de « fin de vie » ? d'une vie linéaire, d'une constante performance dopée au Viagra ?

Sommes-nous tous soumis à des sécheresses vaginales et à des pertes d'érection ? Est-ce une fatalité pour les sexagénaires, septuagénaires, octogénaires... ?

Est-ce que d'autres cultures ont exploré d'autres pistes ?

Un peu d'histoire...

Selon l'anthropologue Véronique Moulinier, le terme « andropause » apparaît au début des années 1950 dans le milieu médical, dans un manuel psychiatrique. 30 ans plus tard, il figure dans un dictionnaire.

Le terme « ménopause » apparaît dans les années 1820. Vous trouverez en fin d'article les symptômes associés à la ménopause et à l'andropause. Ils sont étonnamment proches.

Qu'est-ce que la ménopause ?

C'est l'arrêt de l'ovulation et la fin de la sécrétion des œstrogènes. Elle est effective après 12 mois consécutifs sans menstrues. Elle peut mettre plusieurs années à s'installer. Accompagnée parfois de divers symptômes ou de rien du tout, selon les femmes. Elle apparaît entre 45 et 55 ans.

Et l'andropause, alors ?

Selon le Dr Marc Galiano, andrologue, dès 45 ans, certains hommes souffrent de symptômes et d'hypoandrogénie*, c'est-à-dire d'une insuffisance de sécrétion des hormones androgènes, celles que fabriquent l'hypophyse et les surrénales et qui sont responsables de l'apparition des caractères sexuels secondaires masculins, de la maturation des gonades et de la formation du sperme.

Des symptômes apparaissent en miroir chez les femmes et les hommes.

Je cite le Dr Galiano alors qu'il parlait au micro de France Culture : « *Étant donné que les hommes se connaissent tellement peu, connaissent tellement peu leur anatomie, penser à des problèmes d'andropause, je pense que c'est à des années-lumière du commun des hommes.* »

On dirait que nous, les humains, nous occupons à bon nombre d'activités de destruction et d'autodestruction, au détriment de notre grandeur d'âme, de l'Amour, de la joie de vivre, de se rencontrer intimement soi et de partager cette intimité. Comme s'il s'agissait de FAIRE l'amour, de bricoler quelque chose et d'adopter des positions, d'être « orgasmant », performant. Bref, une sorte de représentation théâtrale dont les acteurs seraient aussi les spectateurs, les rires du public étant remplacés par des simulations sonores et gesticulées de manifestations attendues de plaisir que l'autre aurait le pouvoir de nous procurer. Est-ce que je force beaucoup le trait ?

Quels mots pourraient traduire la connexion, l'amour ? De tout temps, les poètes et les philosophes tentent des approches, des définitions. Nous, humbles humains, essayons encore et encore de nous en approcher, de nous en délecter. Comment nommer ce qui n'a pas de forme, l'impalpable… ? Serait-ce l'harmonie, le son qui résulte de l'union du musicien et de l'instrument ? Le lien entre le chant de l'oiseau, celui qui le reçoit et ce que cela lui procure ? Comment ne pas consacrer le reste de sa vie à risquer de s'ouvrir, de sentir, de se rencontrer, de partager ?

Que l'on soit en couple avec l'être que nous avons choisi ou seul·e, se donner à vivre une sexualité qui stagne dans la sphère génitale nous maintient sur une fréquence basse qui entretient des habitudes de penser, de vivre, d'être au monde et d'être en relation (à soi, à son intériorité, à l'autre…) qui ne nous rendent ni libres ni joyeux. Quid du subtil de ces énergies ?

Symptômes habituels des femmes qui traversent la ménopause

- Bouffées de chaleur, transpiration et sueurs nocturnes
- Modifications du cycle menstruel, menstrues hémorragiques
- Prise de poids
- Morosité, irritabilité et anxiété
- Douleurs musculaires et articulaires
- Maux de tête, trous de mémoire, troubles du sommeil
- Apparition de rides, perte de cheveux
- Problèmes urinaires et sexuels
- Perte de libido, diminution de sécrétions vaginales et de la lubrification
- Ostéoporose

Source : https://www.avogel.ca/fr/sante/menopause/symptomes-menopause.php#autres-symptomes-de-menopause

Symptômes habituels des hommes qui traversent l'andropause

- Diminution de l'appétit sexuel, baisse du désir
- Difficultés à obtenir une érection ou réduction de la force des érections
- Perte d'énergie
- Dépression
- Irritabilité et sautes d'humeur
- Diminution de la force ou de la masse musculaire
- Augmentation du tissu adipeux
- Bouffées de chaleur
- Les complications associées à l'andropause incluent l'augmentation du risque de maladies cardiovasculaires et l'ostéoporose (os fragiles).

Source : https://ressourcessante.salutbonjour.ca/condition/getcondition/andropause

Nous sommes passés maîtres dans l'art culinaire, avec autant de déclinaisons que d'individus, de régions, de pays… Quelle magnifique créativité déployée ! La plupart d'entre nous avons intégré que se « nourrir » d'un sandwich ou d'un hamburger ne va pas nous régénérer de la même façon que si nous dégustons avec plaisir un repas préparé pour nous avec amour, des mets aux parfums délicats assemblés harmonieusement dans une assiette façonnée à la main par un artisan potier. Tous nos sens peuvent percevoir les attentions et les sensibilités investies et cela nous restaure, nous étoffe bien au-delà de nos corps physiques.

Faire mûrir sa sexualité

Je reçois depuis une vingtaine d'années des témoignages de femmes qui, à l'évidence, ne veulent plus vivre la même sexualité qu'avant, et cela n'a rien à voir avec la perte de désir. Ou plutôt si ! S'il y a perte de désir, c'est en lien avec la perte de vue de leurs désirs les plus profonds, des renoncements à leur essence. Elles disent que si elles ont longtemps accepté d'adopter une position (sexuelle, sociétale...) qui ne leur convenait pas, le regard des autres ayant désormais moins d'importance, elles cessent de s'y soumettre.

Certaines prennent conscience de ce qu'elles vivent et de ce qui ne leur convient pas ; elles peuvent le partager avec leur partenaire, et le couple peut évoluer vers un mieux-être au bénéfice des deux.

D'autres sentent qu'elles n'ont plus envie, sans trop savoir de quoi est constitué ce nœud, et renoncent à la sexualité, particulièrement lorsqu'elles ne se sentent pas entendues. Si chacun·e est tourné·e vers les désirs de sa compagne ou de son compagnon, la rencontre des deux êtres n'ayant pas existé en profondeur, ce qui n'était pas partagé auparavant ne peut plus sustenter le couple, comme une plante poussée hors sol qui n'a plus rien à donner. C'est la mort de la sexualité. L'énergie du désir et du plaisir est déplacée vers d'autres centres d'intérêt, dans le meilleur des cas. Ou la dépression peut pointer le bout de son nez.

Si l'énergie sexuelle, lors de partages intimes, reste dans la sphère génitale, elle peut générer une frustration, une envie de vivre encore et encore des rapports sexuels peu satisfaisants, et petit à petit la distance se crée, puisque la Rencontre ne se fait pas.

Et pourtant, certains nomment cette énergie « cadeau des Dieux ». « *La voie la plus rapide pour atteindre l'éveil* », disait Osho... Certes, rapide, mais pas si simple ! Ça se saurait !

Comment se fait-il que nous portions si peu d'attention à nos rencontres intimes ? Deux philosophies très anciennes, le tantra et le tao, ont pourtant développé l'art de la chambre à coucher, de respirer ensemble [voir *Yggdrasil* n° 5], de faire circuler l'énergie dans nos corps physique, mental, émotionnel et spirituel, de nous nourrir l'un l'autre de nos complémentarités, de parfumer nos esprits. Ces procédés ont traversé les âges jusqu'à nous et sont accessibles à qui est désireux d'apprendre et de pratiquer.

La pratique de l'œuf de jade est pour les femmes une précieuse alliée [voir *Yggdrasil* n° 8].

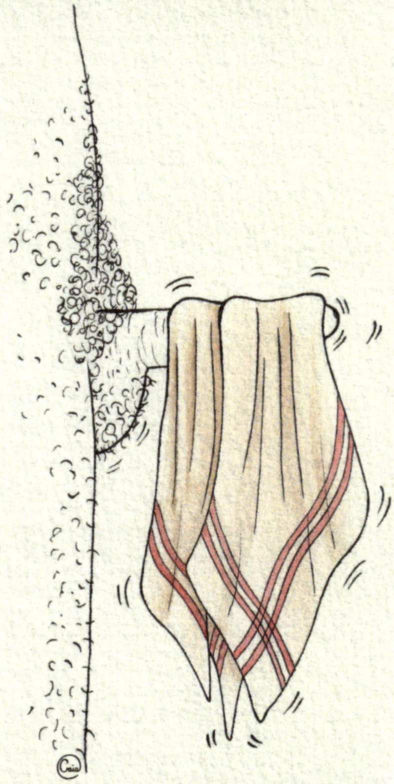

Pour les hommes, la contraction du périnée favorise une bonne tonicité des muscles érectiles. Jouez avec un mouchoir pour commencer, comme Gaia Orion l'a dessiné. Puis, petit à petit, augmentez la taille du tissu : essayez avec un torchon, puis avec une petite serviette de toilette, puis avec une plus grande... Sans forcer ! Soyez doux avec vous !

Ralentir, se regarder, se connecter [voir *Yggdrasil* n° 6]... on a tout dit et rien dit ! Ces mots ne sauront remplacer l'expérience. La pratique creusera ses sillons et ouvrira sur des instants hors du temps.

Certains écrits sur l'énergie sexuelle précisent que, quand celle-ci n'a plus d'usage pour la procréation, elle circule le long de la colonne et vient éveiller le troisième œil et permettre des perceptions plus fines.

Cette rencontre naît de l'alliance de deux êtres, d'un espace de partage dans l'intimité du cœur, un état où il est possible d'être à nu, vulnérable. L'amour s'incarne.

L'art de bien vieillir est semblable à un horizon qui, plutôt que de s'assombrir, s'ouvre à plus grand que soi.

*Sources : https://www.dictionnaire-medical.net

À lire

› *Laisser faire l'amour*, Stephen Vasey
› *Slow Sex pour les hommes : Faire de l'Amour une méditation*, Michael et Diana Richardson

Pour approfondir

France Culture : *LSD*, la série documentaire, quatre épisodes sur la ménopause et l'andropause

Liberté

Le jour où j'ai cessé de craindre le soleil

À votre santé !

EMMANUEL DUQUOC • ILLUSTRATIONS LAURINE LESTRAT

Autrefois pâle et sujet aux coups de soleil, j'ai décidé, par un beau jour de juin, de cesser de protéger mes yeux et ma peau de la lumière naturelle. Adieu lunettes anti-UV, écran total et limitation de mes sorties estivales aux heures dites « sûres ». Je m'en remettais désormais à l'intelligence du corps et à la providence, sans filtre. Pure inconscience ou sursaut de lucidité ? Quelques jours plus tard, mon épiderme affichait un hâle doré, qui, depuis, réapparaît à chaque printemps. En cessant de fuir le soleil, je n'ai plus subi sa brûlure, même au plus fort de l'été. Mon expérience est-elle transposable à d'autres phototypes plus sensibles que le mien ? J'ai mené l'enquête.

C'était en 2006. Moitié sudiste, moitié breton, j'ai le crin et les yeux noirs, mais une peau d'une blancheur qui a souvent étonné mes proches. « *Que tu es pâle ! Tu vas bien ?* » Même quand j'étais en forme, j'avais le teint aussi laiteux que mes cheveux étaient foncés. À partir de l'adolescence, j'ai développé une pigmentation claire et une certaine sensibilité au soleil. Impossible de sortir en mer, mon loisir de l'époque, sans une paire de lunettes noires et un écran total dont je tartinais compulsivement mon visage au moindre rayon. Malgré ces protections, je revenais toujours de mes escapades maritimes le nez pelé et, quand j'avais osé lâcher mon T-shirt, la peau du dos rougie de sel et de soleil. Échaudé par ces douloureuses expériences, j'avais appris à me méfier de celui-ci. Pendant les vacances, je n'allais plus à la plage qu'aux heures officiellement sûres du matin ou de la fin d'après-midi.

Dangereuses protections

Et puis, un jour, sous la plume de France Guillain, une figure de la santé naturelle, j'ai lu que les lunettes de soleil, loin de préserver nos rétines, pourraient bien constituer de dangereuses protections ! Bien que non fondé sur des sources officielles, l'argument semblait de bon sens. L'ancienne navigatrice affirmait : « *Avec la réflexion et la réfraction, les lunettes de soleil, et également les lunettes de vue et les lentilles, ne permettent pas à un nombre suffisant d'UV de traverser perpendiculairement la rétine.* [...] *La lumière n'informera pas la glande pinéale, puis l'hypophyse, qui commandent le transport des cellules souches vers l'épiderme via les graisses brunes.* »

En substance, France Guillain expliquait donc que nos yeux informent en temps réel notre cerveau de la composition exacte du cocktail lumineux ambiant et qu'en mettant des lunettes noires, nous faisons croire à notre cerveau qu'il est dans une grotte. En conséquence, il transmet une information de lumière faible à la peau, laquelle adapte ses sécrétions en fonction de ce message... Avec pour conséquence une sensibilité accrue à la lumière et la nécessité d'utiliser des crèmes, de se couvrir ou de fuir le soleil aux heures chaudes.

Avais-je rendu ma peau hypersensible rien qu'en cédant à la mode des lunettes ? Aux sceptiques qui auraient pu lui faire remarquer que les rayons reflétés par la mer ou la neige sont particulièrement dangereux pour les yeux, surtout bleus, elle opposait sa propre expérience maritime et ses souvenirs de vacances hivernales aux Rousses, dans le Jura, lorsqu'elle était adolescente : « *Les habitants de cette région étaient majoritairement blonds aux yeux*

bleus. Ils vivaient sur la neige au moins quatre mois dans l'année, parcourant des kilomètres au soleil étincelant sur leurs skis. [...] Aucun ne portait de lunettes de soleil. [...] Les lunettes, c'étaient pour les touristes... » Protégés seulement par des bonnets à visière, les Rousselands gardaient une excellente vue pour travailler dans l'horlogerie ou la bijouterie...
Il faut bien admettre que, dans les régions montagneuses, personne ne portait de lunettes autrefois, ni l'été ni l'hiver. Et que nulle source scientifique n'atteste de la moindre problématique oculaire spécifique dans ces populations. Poussant plus avant son raisonnement, France Guillain affirmait même que tout vêtement modifie la perception de la lumière par notre corps, altérant ses capacités d'adaptation. Face au soleil, elle estimait préférable de se vêtir le moins possible. En tant que naturiste, elle considérait la nudité comme la tenue idéale. Prudente, elle conseillait cependant le soleil doux toute l'année plutôt qu'une exposition intense à la seule belle saison, tant pour entretenir un bon taux de vitamine D que pour préparer la peau aux ardeurs de l'été.

Tout vêtement modifie la perception de la lumière par notre corps, altérant ses capacités d'adaptation.

Libéré de la tyrannie cosmétique

Séduit par ce discours minimaliste, je me suis prêté à l'expérience. Au début, je me suis contenté de lâcher mes lunettes, tout en continuant à m'exposer prudemment – en maillot de bain – aux heures sûres. Comme le prédisait France Guillain, mes yeux n'ont montré aucun signe de détresse. À la plage, l'été, j'apportais toujours mon tube de crème solaire, au cas où, mais je n'en mettais pas. Au fil des jours, je me suis insensiblement coloré, sans dommage. Même constat pour mon fils de quatre ans. Prudent, je lui avais évité les heures les plus chaudes de la journée tout en l'incitant à se baigner régulièrement, à boire ou à se mettre à l'ombre s'il avait trop chaud. Sa peau blanche parsemée de taches de rousseur resta intacte et bronza légèrement, cet été-là comme les suivants. Fort de cette expérience, il n'a jamais souscrit au mythe des protections solaires...

Mais ce n'est que deux ans après le début de mon test que j'ai pris conscience du changement. Alors que je faisais mes préparatifs pour quelques jours de randonnée autonome, j'ai regardé mon vieux tube d'écran total encore plein, mais à l'étiquette effacée par les ans. J'avais cessé de prêter attention au discours héliophobe que les médias dominants servent au public à chaque début d'été. Mon épiderme n'avait plus rougi depuis mon abandon des lunettes et le soleil avait cessé d'être un sujet de préoccupation. Saisi par l'incongruité de cette vieille habitude, j'ai jeté le tube de plastique à la poubelle de recyclage... Libéré de la tyrannie cosmétique, j'ai marché en T-shirt ou en simple short pendant des heures, sous un soleil intense, sans le moindre inconfort. Durant les années qui ont suivi, j'ai passé quelques étés presque nu en plein soleil maritime, sans protection ni rougeur. Depuis ce temps, même l'hiver, on me trouve le teint pigmenté.

Adapter plutôt que protéger

› Bannissement des crèmes et écrans

Ils bloquent les UV responsables de la synthèse de la vitamine D et privent la peau de son signal d'alarme : le rougissement. Et en cas de très longue exposition, il y a les vêtements... Après une baignade, on peut émulsionner une simple huile végétale non photosensibilisante - huile d'abricot par exemple - sur peau mouillée pour l'hydrater.

› Sevrage progressif des lunettes de soleil

Au mieux, elles filtrent les UV et privent le cerveau de l'information lumineuse réelle. Au pire, elles assombrissent la lumière visible et provoquent une dilatation de la pupille, exposant la rétine à une quantité encore plus importante d'UV.

› La douceur, pas la brûlure

Au début, limiter le temps de soleil à la moitié du temps de rougissement estimé tout en exposant la plus grande surface de peau possible.
Faire confiance aux sensations : transpiration abondante, chaleur excessive, brûlure ou vertige sont le signe qu'il est temps de se mettre à l'ombre.

› Exposition le moins vêtu possible

Tout au long de l'année, même quelques minutes par temps froid.

› Ne pas chercher pas à bronzer

L'exposition à la lumière du soleil n'a pas besoin d'être intense pour être bienfaisante et permettre à la peau de fabriquer de la vitamine D. Par beau temps, en été, à l'ombre d'un parasol ou d'un arbre ou bien habillé de vêtements légers, la lumière est également agréable et bienfaisante.

› Préserver ses yeux à l'ancienne

Si nécessaire, porter un chapeau ou une casquette à visière. Sauf pathologie ou fragilité spécifique, ce conseil est valable même en montagne ou en mer, après un temps d'adaptation.

› Une alimentation hélio-compatible

Privilégier une alimentation riche en antioxydants et en graisses de qualité. Fruits, légumes, huiles riches en oméga-3, poisson, viande et œufs, plutôt que laitages, céréales à gluten et sucres. Anti-inflammatoire et anti-oxydante, cette alimentation est plus adaptative face au soleil.

Privé des bienfaits du soleil par ses lunettes

Il y a quelques années, j'ai découvert les travaux du photographe John Ott, créateur pour Walt Disney des premiers films dits « séquentiels », qui mettaient en scène la croissance des plantes en accéléré. Ce spécialiste de l'image s'était passionné pour les effets de la lumière sur les êtres vivants après avoir remarqué que des plantes voyaient leur croissance perturbée sous des serres de verre, puis retrouvaient un développement normal une fois placées sous des serres de plastique. La différence ? Le plastique ne filtre pas les UV. Afin de photographier des plantes à l'abri du vent, il mit au point des lampes dont le rayonnement lumineux était constitué de longueurs d'ondes dans des proportions équivalentes à celles du soleil. Seules de telles lampes permettaient une croissance harmonieuse des végétaux en intérieur.
Plus tard, il mena plusieurs études dans des élevages, qui lui confirmèrent qu'une lumière plein spectre favorise la santé des animaux. John Ott portait des lunettes depuis l'enfance. À l'approche de la quarantaine, il commençait à se dégarnir et souffrait de fatigue chronique, d'infections respiratoires et d'une arthrite de la hanche qui l'obligeait à marcher à l'aide d'une canne. Il eut l'idée d'améliorer sa condition en quittant pour quelque temps la grisaille de Chicago au profit du soleil de Floride. Après trois semaines de vacances au bord de la mer avec des lunettes de soleil ou des verres correcteurs, il n'avait pas eu d'amélioration. Mais un jour, après avoir cassé ses lunettes de vision, il dut sortir dehors en plein soleil sans verres correcteurs pendant plusieurs jours d'affilée. Rapidement, il remarqua une régression de ses douleurs et une amélioration de sa mobilité articulaire. Il en déduisit que, comme les plantes sous serre de verre, il avait été privé des bienfaits du soleil par ses lunettes. Il retourna en Floride une semaine, s'exposa à la lumière naturelle sans lunettes, soit au soleil, soit à l'ombre d'un arbre, et vit sa condition s'améliorer encore, jusqu'à complète guérison. Multipliant les expositions en lumière naturelle, il retrouva une chevelure plus abondante et ne porta plus de corrections pour lire, sauf pour les très petits caractères, jusqu'à son décès, à l'âge de 90 ans.

Thérapie solaire

Déjà, en 1959, John Ott avait été sollicité pour participer à une étude sur les effets de la lumière sur les cancéreux. Selon ses préconisations, un médecin du Bellevue Medical Center de New York proposa à 15 malades un protocole de thérapie

solaire. Pendant les mois d'été, ils devaient passer autant de temps que possible dehors, sans porter ni lunettes de vue ni lunettes de soleil, tout en évitant autant que possible les éclairages artificiels et la télévision. À la fin de l'été, 14 patients sur 15 ne présentaient pas d'extension de leur cancer et plusieurs d'entre eux avaient connu une amélioration. Le quinzième avait continué de porter ses lunettes... Souhaitant poursuivre leurs recherches, John Ott et le médecin en charge de l'expérience soumirent un nouveau projet d'études aux autorités médicales... qui ne donnèrent pas suite. Dans son livre intitulé *Health and Light*, John Ott relate cette anecdote : alors qu'il se trouvait aux côtés de Rhéna Schweitzer, la fille du docteur Albert Schweitzer, la conversation s'engagea au sujet de la santé des habitants de Lambaréné, au Gabon, où le médecin prix Nobel de la paix avait ouvert un hôpital. Rhéna Schweitzer lui raconta qu'à l'arrivée de son père, le cancer était inconnu, mais qu'il était devenu, depuis, un problème de santé publique. John Ott lui demanda si les autochtones avaient adopté les lunettes solaires. La réponse était affirmative : les autochtones n'avaient pas tellement changé leurs habitudes au contact des Blancs, sauf pour les lunettes de soleil, perçues comme une marque de civilisation. Ils s'étaient mis à les porter en toutes circonstances, mêmes quand ils ramaient sur leurs pirogues vêtus d'un simple pagne...

Oubliés, les travaux de John Ott n'ont jamais eu d'effet sur les politiques de santé publique. Influencés par un marketing de la peur, la plupart d'entre nous protégeons scrupuleusement nos yeux du soleil.

« Quand on veut augmenter l'homme, on le diminue »

Quand j'ai fait part de mes découvertes à quelques amis, l'un d'entre eux, averti des potentialités oubliées du corps, m'a répondu laconiquement : « *Finalement, quand on veut augmenter l'homme, on le diminue* ». À l'inverse, du côté des adeptes des filtres anti-UV, je me suis toujours vu opposer mon type méditerranéen, mes yeux noirs et mon phototype désormais mat. L'expérience que j'avais vécue n'était pas transposable. « *Avec mes yeux bleus, c'est différent* », me rétorquait-on régulièrement. « *Je suis éblouie et je pleure dès que le soleil brille. Les lunettes de soleil et l'écran total sont une nécessité pour moi.* » J'avais moi-même souffert, malgré mes yeux foncés, de tels désagréments à l'époque où j'étais habitué aux lunettes solaires.

La couleur de l'iris et le phototype ne sont qu'une petite partie du problème.

Un jour, en juillet, les ayant oubliées, je m'étais retrouvé immobilisé, en larmes, au milieu d'une esplanade blanche inondée de lumière, au point que j'avais dû cacher mes yeux derrière mes mains pour parvenir péniblement à la traverser.

Je pressentais que la couleur de l'iris et le phototype ne sont qu'une petite partie du problème et que l'on peut, raisonnablement, s'adapter, mais je ne voulais pas mettre les yeux de mes contemporains en danger. Il me manquait un ou plusieurs témoignages de personnes ayant pris le même « risque » que moi.

Or, récemment, j'ai eu l'occasion de recueillir celui d'une personne au phototype censément faible. Formateur et conférencier bien connu dans le domaine de la santé naturelle, il est récemment devenu une figure hautement polémique en raison de son activisme contre les mesures politico-sanitaires actuelles. À 60 ans, Jean-Jacques Crèvecœur affirme s'exposer au soleil sans la moindre protection. Coïncidence, lui aussi a découvert la possibilité d'apprivoiser le soleil sous l'influence d'un conférencier naturiste. Ce dernier affirmait que dès lors

À la question de savoir s'il a remarqué une différence avec le port de lunettes, il raconte cette anecdote : « *Un jour que j'étais au camp de naturistes depuis trois semaines, nu en permanence, je suis allé à la plage pour lire. J'étais très bronzé, j'avais déjà passé plusieurs après-midis à dormir en plein soleil, mais, ce jour-là, comme je voulais pouvoir lire sans être ébloui, j'ai mis des lunettes de soleil… Et je me suis ramassé un énorme coup de soleil sur le dos et les fesses ! Aucun autre paramètre que les lunettes n'avait changé.* »
Pour lui, le fait d'être entièrement nu est également important. Il constate que les rares fois où il a dû mettre un simple maillot de bain, parce qu'il sortait du camp naturiste, il s'est rendu compte très vite que sa peau commençait à rougir. « *Ce sont quelques décimètres carrés, mais cela fait une différence. Mon compromis, quand je vais sur des plages textiles, c'est le string. Des gens sont choqués, mais tant pis…* »
Voilà ! Je le tenais enfin, mon témoignage d'héliotrope à phototype faible ! Avec ma – récente – carnation d'homme du Sud, j'étais peu crédible pour contrer le discours dominant auprès des individus à peau blanche…
En ce qui me concerne, je n'ai cependant pas noté une telle intolérance aux vêtements légers et je peux porter maillot de bain, *shorty* ou bermuda en plein soleil sans remarquer plus de dommages que si je me déshabille complètement. La différence est probablement liée à une susceptibilité génétique plus élevée chez mon interlocuteur.
Je lui ai demandé s'il connaissait d'autres personnes vivant la même expérience que lui. Il n'en connaît pas… Cas isolé ? Le marketing de la peur solaire est tellement bien huilé que peu de blonds aux yeux bleus se risquent à contrevenir à la règle du tartinage prophylactique. Sauf qu'à y réfléchir, je me suis souvenu que près d'un lac, l'été dernier, j'avais plusieurs jour d'affilée palabré avec un homme d'une cinquantaine d'années aux yeux bleus et à la peau claire qui ne portait pas de lunettes, ni ne s'appliquait le moindre produit sur la peau. Après la baignade, il faisait de longues siestes au soleil l'après-midi, puis lisait, entièrement nu, avant d'enfiler son bermuda pour circuler à vélo. Plusieurs heures au soleil sans la moindre rougeur, seulement un hale doré clair. N'ayant pas la télé et ne lisant pas les journaux, il ignorait tout du danger… ᛘ

que l'on est en partie couvert, même avec un maillot de bain, les calculs du cerveau sont perturbés… « *Quand je vais à la plage, je me mets au soleil toute la journée, mais sous un parasol,* explique-t-il. *J'écris, je lis, je dors, mais ne m'expose pas du tout au soleil direct pendant la première semaine. Et la vitesse à laquelle mon corps change de couleur est quasiment la même que pour ceux qui s'exposent et se mettent des couches invraisemblables de crème. C'est simplement la réflexion du soleil sur le sable et la mer qui me prépare. Après huit jours, je suis capable de passer deux ou trois heures au soleil et, après cinq à six jours de plus, je reste de 9 h à 18 h en plein soleil. Je n'ai même pas de chapeau, j'en porte parfois un, juste pour lire et ne pas être ébloui si je suis face au soleil. Je bronze beaucoup en ayant une peau de blond. Je suis – ou plutôt j'étais – châtain, avec une peau claire et des yeux bleus.* »

Sauvages et populaires

BÉATRICE MERA • ILLUSTRATIONS JACKY JOUSSON
PHOTOGRAPHIES BÉATRICE ET JACKY

Fidèle plantain

Poussant partout, facilement reconnaissable, remède d'urgence à portée de la main, médicinal à large spectre, comestible, le plantain était une panacée dans la tradition populaire. Tombée dans les oubliettes, cette plante si commune aux prodigalités impressionnantes mérite de retrouver ses lettres de noblesse.

L**e plantain,** de la famille des Plantaginacées, comprenant trois genres et 275 espèces présentes sur tous les continents, pousse partout Europe, en Asie occidentale, en Afrique du Nord ainsi que dans de nombreuses régions de tous les continents où il a été introduit.

Les plus connus et les plus utilisés sont le grand plantain, *Plantago major,* le plantain moyen, *Plantago media,* et le petit plantain ou plantain lancéolé, *Plantago lanceolata.*

Plantes vivaces de 10 à 60 cm de haut, leurs feuilles, épaisses, légèrement dentées, avec ou sans poils, sont réunies en rosettes. Elles sont parcourues de nervures parallèles bien marquées.

Celles du grand plantain, larges et ovales, comptent de cinq à neuf nervures, celles du plantain moyen, larges et allongées, de sept à neuf nervures blanchâtres, et celles du plantain lancéolé, étroites et en forme de lance, de trois à cinq nervures.

Les fleurs minuscules sont groupées au sommet des tiges en épis allongés chez le grand plantain et le plantain moyen, en courts épis terminant la tige chez le petit plantain.

Les fruits sont de petites capsules contenant des graines, abondantes chez le *P. major,* qui en produit 15 000 par plante, avec un pouvoir germinatif de 60 ans. Les graines des plantains *Plantago afra* méditerranéen ou *Plantago ovata* indien sont cultivées et commercialisées sous le nom de psyllium.

Si le grand plantain et le plantain moyen sont caractéristiques des sols mis à nu, tassés et compactés, la présence du plantain lancéolé signale un sol équilibré en matières organiques (G. Ducerf).

Le plantain est attesté comme remède de premier secours par de nombreux herbalistes contemporains.

La mère des plantes

L'étymologie du plantain est incertaine. *Plantago* vient du latin *planta* : « plante ou plante des pieds », et du verbe *ago*, « je pousse », les feuilles planes et larges des grands plantains évoquant la plante des pieds et se développant dans les milieux piétinés. Prisé par le botaniste grec Dioscorides (40-90), c'était l'une des plantes préférées de Pline l'Ancien. Sacré pour les druides, il fait partie des neuf plantes révérées dans le *Lacnunga*, manuscrit anglo-saxon datant du Xe siècle, où il est nommé « la mère des herbes ».

Il était utilisé au Moyen Âge pour éviter d'attraper le tétanos. Pour l'herboriste anglaise du début du XXe siècle Maud Grieve, les décoctions de plantain entraient dans la composition de pratiquement tous les remèdes anciens. Les nombreux noms vernaculaires de cette plante attestent son utilisation fréquente dans la tradition populaire. Le plantain lancéolé était nommé « plantain étroit », « herbe à cinq côtes », « herbe à cinq coutures », « herbe aux charpentiers » ou encore « oreille de lièvre » ; le grand plantain, « plantain à grandes feuilles », « plantain à bouquets » ou « queue de rat ».

En Russie, il est cultivé à grande échelle pour un usage médicinal et fréquemment prescrit par les médecins.

Le pansement végétal

La première indication du plantain dans la tradition populaire en France, ainsi que partout dans le monde, est son usage externe comme remède d'urgence. Il a la capacité de soigner les piqûres d'insectes, de plantes irritantes et allergisantes, les morsures, les plaies et blessures et d'extraire les substances vénéneuses, les corps étrangers sous la peau.

Pour l'abbé Kneipp, phytothérapeute du XIXe siècle, *« On dirait que le plantain referme la plaie béante par une couture de fils d'or ; car, de même que l'or n'accepte pas la rouille, ainsi le plantain n'admet pas de pourriture et de chairs mortifiées. »*

Le *Larousse médical*, dans son édition de 1972, mentionne : *« On attribue au suc de plantain des propriétés fébrifuges et efficaces contre les morsures de vipères. »*

Les feuilles sont hémostatiques et contiennent une grande quantité de mucilages (anti-inflammatoires), de tanins (resserrant les tissus), d'acide silicique (aidant à restaurer l'intégrité des muqueuses) et de molécules biologiquement actives : un glucoside iridoïde, l'aucubine, aux effets antibiotiques prouvés, et l'allantoïne, stimulant la régénération des tissus en accélérant la division cellulaire.

La revue *Ethnopharmacologia* affirme en 2010 dans une étude : « *La recherche a montré que l'extrait de plantain fournit un large registre d'effets biologiques incluant : soin des blessures, activité anti-inflammatoire, analgésique, anti-oxydante, antibiotique et effet immunomodulant.* » Des tests in vitro ont montré que la feuille de plantain était efficace contre toute une variété de bactéries, incluant *Salmonella typhi, Salmonella paratyphi, Shigella dysenteriae* et *Staphylococcus aureus* (Xie Zhufan, 2000).
Le plantain est attesté comme remède de premier secours par de nombreux herbalistes contemporains qui y ont eu recours ou en ont été témoins. L'auteur et chaman américain Eliot Cowan affirme que « *le jus de plantain, introduit dans une lésion suppurante, élimine la plus grosse part de l'infection et de l'inflammation dans les 24 heures.* »
Pour l'herbaliste britannique Karin C. Uphoff, la réputation du plantain comme purificateur du sang n'est pas usurpée. Elle a été témoin à plusieurs reprises de l'action du cataplasme de plantain pour éviter les chocs septiques dus à l'empoisonnement du sang sur des blessures, des piqûres ou des morsures, avec une disparition des symptômes en trois jours. Utilisé immédiatement, un cataplasme de plantain peut retirer le venin avant qu'il se répande, prévenir un choc anaphylactique, retarder une réaction sévère en attendant l'arrivée des secours.
En interne, il va aider à éliminer les poisons en circulation dans le sang et sera d'un grand secours en cas d'empoisonnement, de toxémie, de septicémie. Traditionnellement, on l'utilisait comme antidote à certains poisons, dont le mercure (Flora Medicina).

Un remède simple

Un pansement d'urgence se réalise en cueillant en abondance les feuilles du plantain lancéolé ou du grand plantain. Il s'agit ensuite de les mâcher ou de les faire mâcher à la personne concernée et d'appliquer le mélange sur la lésion. Si la salive peut sembler ne pas être hygiénique, elle a pourtant son rôle à jouer. Ses enzymes convertissent l'aucubine en une molécule encore plus antibactérienne : l'aucubigenine (Robin Rose Bennett). Mais écraser les feuilles pour en faire ressortir le jus est efficace également. Le cataplasme doit être renouvelé toutes les 20 à 30 minutes, jusqu'à amélioration. Ce pansement aura un effet anti-douleur : les enfants connaissent souvent le pouvoir du plantain pour neutraliser les piqûres d'orties rapidement, et s'ils ne le connaissent pas encore, c'est le moment de le leur apprendre !

Ces propriétés antiseptiques, analgésiques et maturatives sont bénéfiques aussi en cataplasme pour les entorses, les foulures, les hématomes, les ulcères, les panaris, les abcès et les furoncles ou en compresse sur les brûlures et les coups de soleil.

Fait peu courant, le plantain est une plante astringente-émolliente : la coexistence de mucilages et de tannins lui permet d'adoucir et d'humidifier les tissus tout en les asséchant et les resserrant.

Toutes les affections de peau enflammées seront soulagées par les compresses ou l'huile macérée de plantain : eczéma, psoriasis, érythèmes fessiers, herpès, infections de la peau, crise d'urticaire, prurits ou hémorroïdes. Le soulagement des irritations est rapide et les effets se prolongent pendant des heures. Le plantain fortifie les tissus cutanés, accélère la guérison, évite l'infection, stoppe l'inflammation, active la cicatrisation des lésions, dont celles post opératoires.

La nature adsorbante du plantain, qui permet d'extraire les poisons, est aussi utile pour retirer des échardes enfoncées profondément dans les chairs. Pour cela, immerger la partie concernée pendant 20 à 30 minutes dans une infusion concentrée très chaude de plantain additionnée d'une ou deux cuillerées à café de sel, puis faire suivre d'un cataplasme de feuilles, qui sera changé deux ou trois fois par jour. Continuer le processus jusqu'à ce que le corps étranger soit suffisamment proche de la surface de la peau pour être enlevé (Rosemary Gladstar).

Les feuilles fraîches pourront être utilisées dans les chaussures pour les zones sensibles des pieds, les ampoules ou même en semelle, en cas d'inflammation de la plante du pied.

› L'efficacité remarquable du plantain dans toutes sortes de situations est résumé par cet adage populaire : ***« On a plus vite fait de ramasser du plantain que d'aller chez le médecin. »***

Il rentre dans la catégorie des plantes nourrissantes, car son utilisation en interne est sûre, sans effets secondaires, elle peut être prise en grande quantité sans limite de durée. Excellent purificateur du sang, mais aussi des poumons et de l'estomac, la plante est dite « altérative », capable de restaurer graduellement le bon fonctionnement de l'organisme et d'augmenter la vitalité et la santé.

Rafraîchissant et adoucissant

Énergétiquement, le plantain est une plante rafraîchissante bénéfique pour apaiser des affections « chaudes » caractérisées par des signes de chaleur – rougeurs, sécheresse, irritations, douleur aiguë, gonflements, inflammation.

L'action calmante et émolliente du plantain va agir sur les muqueuses des voies respiratoires irritées et douloureuses grâce à ses mucilages anti-inflammatoires. Antispasmodique, il va dilater les bronches et soulager les cas de congestion pulmonaire avec sensation de brûlure dans les poumons, de bronchites avec des toux sèches, des quintes, quand il n'y a pas suffisamment d'humidification pour évacuer le mucus emprisonné dans les poumons. Le plantain est parfois déconseillé en cas d'encombrement pulmonaire avec des quantités excessives de mucus, mais l'école d'herboristerie Flora Medicina affirme : « *selon notre expérience, comme la plante est également astringente, elle est excellente pour ces conditions.* »

Il traite les toux chroniques (l'aucubine joue un rôle dans le soulagement des maladies inflammatoires chroniques), ainsi que les toux sifflantes comme celles de la coqueluche, l'asthme, la pneumonie et même la pneumonie tuberculeuse.

Les toux d'irritation dues à de fines particules dans l'atmosphère seront soulagées par les infusions chaudes de plantain. Grâce à son action antihistaminique, il modère la libération excessive d'histamine en cas d'allergies saisonnières.

Il peut aussi être une aide non négligeable dans le sevrage du tabac : mâcher des feuilles fraîches, prendre l'infusion ou l'alcoolature permet de réduire le désir de fumer.

Le plantain fortifie les tissus cutanés, évite l'infection, stoppe l'inflammation et active la cicatrisation des lésions.

Il sera efficace pour les laryngites, pharyngites ou angines, en gargarisme de son infusion, et pour soigner une sinusite, en faisant un lavage de nez.

Les cataplasmes de feuilles peuvent soulager les otites ; les infusions des feuilles et des graines en compresse pour les conjonctivites, les orgelets.

Les lésions orales – aphtes, gingivites, muguet buccal – et la mauvaise haleine sont soulagés par des gargarismes d'infusion concentrée de feuilles de plantain ou le gel des graines. Pour les douleurs dentaires, l'application de feuilles ou de racines fraîches hachées apportera un soulagement.

› Calmant et nourrissant, le plantain soutient la santé du foie et de la vésicule biliaire, encourage le bon fonctionnement du système digestif, du système urinaire et du système reproducteur, tout en offrant une panoplie de vitamines et minéraux facilement assimilables. C'est un remède populaire pour traiter les cancers du sein et du côlon (M. Pedersen).

En Russie, les docteurs le prescrivent pour les douleurs et ulcères d'estomac, les digestions lentes.

Il est très indiqué pour les intestins enflammés, le syndrome de l'intestin perméable, la maladie de Crohn, le syndrome du côlon irritable et les inflammations de la muqueuse de l'œsophage.

Avec ses effets diurétiques, il est conseillé pour la rétention urinaire, le sang dans les urines et les douleurs des reins ou de la vessie.

Si les feuilles ont une action sur la diarrhée, ses graines ont une longue tradition pour soigner les désordres intestinaux, en absorbant les toxines et en régulant la flore du côlon.

› **Les graines du grand plantain,** composées à 30 % de mucilage, vont lubrifier les muqueuses, soulager la constipation et s'utilisent comme leurs cousins *Psyllium*.
Elles sont riches en calcium, en vitamines E et B, en protéines, en mucilage, en zinc, en acides gras essentiels, dont oméga-3, avec une action équivalente à celle des graines de lin, utiles pour les dérèglements des cycles des femmes, trop longs ou trop courts, ainsi que pour la santé du cœur. Leur consommation régulière permettrait de prévenir la formation des calculs biliaires. Le gel formé par le trempage des graines traite les candidoses et les mycoses vaginales (Susun S. Weed).

› **Comestible et fortifiant :** les feuilles sont riches en flavonoïdes, en mucilages, en protéines (19 %), en vitamine C (70 mg/100 g), en fer, en calcium, en potassium, en soufre, en acide folique et en vitamines A, K, B1, B2 et B3. Celles du plantain lancéolé sont succulentes, à consommer jeunes, crues, pour leur goût léger de champignon, ou cuites comme des légumes, de 3 à 20 feuilles/jour.
Grâce à sa richesse en fer, le plantain augmente la production des globules rouges et est utile en cas d'anémie, de retard de développement chez l'enfant - certains l'ont comparé à l'huile de foie de morue (Jean Valnet). Dans ce cas, les feuilles et les graines seront consommées régulièrement. Susun S. Weed recommande le plantain frais ou en vinaigre pour accroître le taux de fer sanguin.

Solide, fiable, humble mais incroyablement puissant, le plantain nous apprend à défendre notre intégrité. Car, même piétinés ou négligés, comme lui, nous ne renonçons pas à notre souveraineté intérieure, toujours présente.

Cueillette

Cueillette

Le plantain lancéolé serait plus thérapeutique et anti-inflammatoire, le grand plantain a une action diurétique en interne plus prononcée, mais tous les deux sont riches en principes médicinaux.

Cueillir les feuilles tendres du plantain lancéolé pour les consommer de préférence au printemps et en début d'été, avant le plein développement des fleurs. Pour un usage médicinal, on cueille les deux plantains jusqu'en automne. Le plantain lancéolé sèche mieux que le grand plantain. Les feuilles ne doivent pas noircir ; leur conservation est limitée à quelques mois. L'herbaliste Ryan Drum conseille de récolter le plantain avec la racine et de le suspendre entier pour le faire sécher.
On cueille l'épi entier de graines du Plantain major en fin d'été, puis on retire les graines une fois séchées. Elles peuvent se consommer fraîches, crues ou cuites, de 2 à 4 cuillerées à café/jour.

& recettes

Recettes

◦ **L'infusion de feuilles séchées :** de 30 à 60 g/litre d'eau dans un bocal fermé pendant 4 heures pour extraire les vitamines et les nutriments et obtenir une infusion concentrée ou de 1 à 2 cuillerées à soupe par tasse, et laisser infuser 15 minutes. Infusion de feuilles fraîches : doubler les quantités de feuilles.
› **En externe,** 3 fois la quantité de feuilles utilisées en interne, macérées pendant 1 heure : en lotion calmante des brûlures, en gargarisme, en bain de bouche, en lavage nasal, pour imbiber des compresses, pour les yeux, en spray, pour retirer des échardes. Peut être utilisée sur les animaux.
› **Cataplasme :** la plante fraîche hachée ou la plante séchée ébouillantée est posée directement sur la peau ou enveloppée de gaze. Chaud : douleurs. Froid : inflammations.
› **Compresse :** tremper un tissu propre dans une infusion concentrée.

◦ **Le vinaigre de feuilles fraîches :** remplir un bocal de feuilles hachées, verser du vinaigre de cidre, étiqueter, faire macérer pendant 6 semaines au frais, filtrer. Fortifiant, reminéralisant, s'ajoute dans la nourriture ou en cure pour les allergies. Pour soutenir la santé, 1 à 2 cuillerées à soupe/jour dans de l'eau.
Pour les coups de soleil, diluer 1 part vinaigre de plantain dans 4 parts d'eau, en compresse ou en spray.

◦ **L'alcoolature de feuilles fraîches :** même principe que le vinaigre avec de l'alcool alimentaire titrant à 40°. À utiliser pour les problèmes chroniques d'allergies ou d'asthme, pour tonifier les poumons, pour les problèmes de peau, les infections, les bronchites, la coqueluche, les douleurs dentaires, en bain de bouche ou pour le sevrage du tabac. Prendre 10 à 40 gouttes, 3 à 4 fois par jour.

◦ **Le jus de feuilles fraîches :** 1 à 2 cuillerées à soupe dans de l'eau tiède avant les repas pour traiter les ulcères gastriques, la maladie de Crohn, les intestins irritables. Le jus peut être stabilisé avec 20 % d'alcool (S. H. Buhner).

◦ **Le miel de plantain :** mélanger à part égale du jus de feuilles fraîches à du miel. Se consomme immédiatement, à conserver au frais ; ou bien remplir un bocal de feuilles fraîches et ajouter le miel. Laisser macérer 15 jours au minimum, voire pendant 6 semaines pour un miel médicinal qui constitue un bon sirop pour les affections respiratoires. Se consomme avec les feuilles ou filtré et se conserve un an. Ne pas donner aux bébés de moins d'un an.

◦ **L'huile et le baume :** remplir un bocal de feuilles fraîches hachées et verser de l'huile d'olive pour recouvrir. Laisser macérer à froid et à l'ombre pendant 15 jours, puis filtrer, ou faire macérer à chaud le mélange dans un mijoteur à température minimale pendant 4 heures minimum.
› **Le baume** se réalise en faisant chauffer au bain-marie l'huile macérée et la cire d'abeille ou de soja à raison d'une cuillerée à soupe de cire d'abeille pour 30 ml d'huile macérée. Se conserve 1 an.

◦ **Les graines :** sèches, consommer de 1 à 2 cuillerées à soupe/jour, fraîchement moulues dans la nourriture ou avec un verre d'eau.
Le gel de graines : recouvrir d'eau les graines, laisser macérer toute la nuit.
Substitut d'œuf : mixer 1 cuillerée à soupe de poudre de graines de plantain avec 2,5 cuillerées à soupe de liquide, laisser reposer plusieurs heures.

Pas de contre-indications, mise en garde

Le plantain - diurétique - peut accélérer l'élimination de certains médicaments (lithium, digoxine). Réaction allergique à son pollen possible chez les personnes sensibles au psyllium, éviter alors de le récolter pendant sa période de floraison (Herbal Academy).

Ces informations à visée éducative ne remplacent pas un diagnostic médical. L'auteure et l'éditeur ne sauraient être tenus responsables d'effets ou conséquences résultant de l'usage des préparations indiquées.

Fait main

TEXTE ET PHOTOS BERNARD BERTRAND
VANNERIE CHRISTINA OTTO

un abri à hérisson

De mœurs nocturnes, il est un animal discret dont on ne détecte la présence que grâce au raffut qu'il fait, jusque dans la gamelle du chat ou celle du chien… Menacé de toute part par nos activités (pesticides, voitures), il a besoin d'aide. Qui est-il? Et comment l'aider? Si je précise qu'il ne manque pas de piquants, vous devinerez de suite qu'il s'agit du hérisson. Quant au coup de pouce, et si nous lui offrions un bel abri pour son confort et sa tranquillité?

1

Vie et mœurs

Longtemps, il fut mal aimé et pourchassé. Cette destruction était même encouragée, sa capture faisait l'objet de primes ! Il a fallu la patience des naturalistes et la publication d'études scientifiques sur son régime alimentaire pour que son image change. Aujourd'hui, justice lui est rendue, il est à juste titre considéré comme l'un des plus précieux auxiliaires de nos jardins. (1)
Couvert de ses fameux piquants, en réalité des poils raides et orientables, il arpente les allées à la recherche d'insectes et de leurs larves, ainsi que de limaces et d'escargots, limitant grandement la prolifération des ennemis de nos cultures. Opportuniste, il mange aussi des vers de terre, des œufs... et des croquettes pour animal de compagnie.
Ces mêmes piquants sont sa meilleure défense contre les quelques prédateurs qui le poursuivent : chien, renard, blaireau et hibou grand-duc. Dès qu'il est agressé, il se met en boule et devient ainsi inabordable. (2)
La sympathie pour le hérisson fait que chacun aimerait en avoir une famille sur son terrain. Petit souci, notre piquant allié ne tient pas en place, il est un nomade invétéré. Il passe son temps à crapahuter, va d'un jardin à l'autre, d'une haie à l'autre, d'un territoire à l'autre !
Comment, dans ce cas, l'aider à avoir un peu moins la bougeotte ? Le but étant de lui éviter les dangers quotidiens, comme les traversées de routes (3), surtout en milieu urbanisé, là où il est parfois très présent. C'est simple : il faut rendre votre territoire le plus agréable possible pour lui.
Un jardin accueillant pour le hérisson est un espace où les herbes sauvages et les prairies sont présentes, avec aussi des buissons épais, des haies impénétrables, des tas de bois mort, des monceaux de feuilles et de beaux composts riches en insectes et en vers de terre, un plan d'eau avec des berges à pentes douces... Les pesticides sont à proscrire (insecticides et anti-limaces toxiques), les pelouses trop souvent tondues aussi ! S'il y a des chemins ou des routes à proximité, mettez des barrières infranchissables et emménagez, avec l'aide de la commune, des « passages » sécurisés pour la faune.
Bien qu'il bouge beaucoup, le hérisson a besoin d'abris sûrs pour deux périodes de sa vie : chaque année, pour hiverner, et au moment où il fait naître ses bébés, qui naissent nus et aveugles, au printemps. Les petits font leurs premières balades à l'âge d'un mois, ils sont alors rapidement en capacité de suivre la mère lorsqu'elle reprendra ses pérégrinations.
Aujourd'hui, ses terrains de vie se réduisent comme peau de chagrin.
Pour remédier à la destruction et à la raréfaction des niches et des caches à hérissons, à la ville comme à la campagne, nous vous proposons de lui offrir un gîte 5 étoiles en vannerie. Ainsi logé, ce sympathique noctambule reviendra plus souvent chez vous. Tendez l'oreille, le soir : vous l'entendrez bientôt fouiller le tas de feuilles mis à sa disposition pour garnir sa litière.

2

3

Tutoriel

En pratique, le tutoriel

Un abri à hérissons doit être spacieux, afin que son occupant puisse le garnir d'une abondante litière, dans laquelle il se lovera pour se protéger des froids de l'hiver. Un diamètre de 35 cm pour une hauteur de 30 cm sont des dimensions idéales. Un tunnel d'entrée permet de le protéger des prédateurs ; son entrée sera de 15 cm de diamètre.

Matériaux

Il vous faut : 8 osiers forts (ø 8 mm environ), une botte de rejets souples d'osier, de cornouiller ou de bourdaine, du fil de fer rigide pour le gabarit.

Outils

Sécateurs, couteau (ou serpette de vannier), poinçon, batte…

1 Le fond du panier

(qui sera le toit de l'abri !)

1

Préparez les montants en coupant les pieds des 8 osiers forts à 40 cm de long.

2

Avec le couteau, fendez-en 4 par le milieu pour y glisser en croix les 4 autres.

3

Prenez 2 brins d'osier fins et longs, glissez leur cime dans la fente.

4

5

Liez la croix formée par les montants en passant les 2 brins d'osier fins dessus/dessous et en les croisant. Serrez fortement.

6

Toujours avec les 2 osiers fins et en les croisant dessus/dessous, séparez les montants par paires, puis au tour suivant un à un.

7

Une fois arrivé au bout des osiers, remplacez-les en glissant la cime des nouveaux sur les pieds précédents - on dit « tête sur pieds ».

8

On peut aussi remplacer les brins de tressage tête sur tête et/ou pied sur pied.

9

Remplissez jusqu'à obtenir un fond de 35 cm de diamètre. Épluchez têtes et pieds qui dépassent.

10

Coupez à ras les montants.

Tutoriel suite

2

Le volume du panier

(qui sera la chambre de l'abri)

11

Préparez 16 nouveaux montants homogènes ; pointez-les…

12

… et glissez-en un le long de chaque montant du fond.

13

Pliez et relevez chaque nouveau montant.

14

15

Préparez 3 brins longs et souples. Glissez leur pied chacun derrière un montant différent. Ils doivent se chevaucher en reculant ; leur tête est toujours en extérieur.

16

17

Réalisez un départ de torche à 3, en ramenant le dernier brin implanté sur ses voisins et en le tressant dedans/dehors sur le montant qui le précède.

18

Votre tressage monte. Après les torches, tressez en super à 2 brins qui passent autour de chaque montant (devant/derrière), tout en passant dessus/dessous.

19
Serrez avec la batte sur tout le pourtour.

20
Montez à 8-10 cm.

21
Pour bloquer le tressage, réalisez une nouvelle série de 2 torches à 3 brins.

22
Puis reprenez le travail en super, jusqu'à 15 cm de haut.

23
Rabattez et réservez 3 montants pour réaliser le tunnel d'accès. Maintenez avec une cordelette les 2 montants suivants.

24
Poursuivez le tressage sur 15 cm de plus.

3 Le tunnel (qui sera l'entrée de l'abri)

25
Réalisez l'armature du tunnel d'accès en glissant dans le tressage 6 nouveaux montants (3 par côté).

26
Maintenez-les en place avec un gabarit (ici en fil de fer rigide).

27
Tressez le tunnel avec un seul brin suivi.

Tutoriel suite

28

Le tunnel doit faire 20 à 30 cm de long.

29

Faites la bordure en rabattant devant 1/derrière 1 chaque montant.

30

Faites le tour du panier.

31

Coupez les têtes des montants.

32

Servez-vous-en pour renforcer le toit avec. Plantez-les à côté des montants du panier.

33

Tressez quelques rangs en super à 2 brins.

34

Faites la bordure en rabattant devant 1/derrière 1 chaque montant.

35

L'ouvrage est fini ;
épluchez-le.

4 Installation avec Vikky

Choisissez le bon emplacement : tas de bois, vieux bâtiments ouverts avec sol en terre battue, etc. Attention, l'entrée ne doit pas être exposée au vent dominant.

36

Creusez une cuvette de 6-7 cm sous la vannerie, posez-la dessus et calez-la (cailloux).

37

Couvrez-la de feuilles mortes. N'en mettez pas dans l'abri, le hérisson apprécie de s'en charger lui-même !

38

Protégez l'installation avec des bûches, si besoin protégez du ruissellement des pluies.

39

Il ne reste plus qu'à attendre une prochaine et probable visite.

Pour tout savoir sur les abris et nichoirs à faune sauvage

Nichoirs en vannerie, de Christina Otto et Bernard Bertrand, 2020, chez Terran Magazines, disponible sur **boutique.terranmagazines.fr**

Le low-tech de Barnabé
BARNABÉ CHAILLOT

Vélo 4, 3, 2 roues ?

Le vélo n'est pas un business de la taille de l'industrie pharmaceutique, du pétrole ou de l'automobile, c'est une histoire de santé publique. C'est pourquoi je comprends qu'il passe en dernier sur la liste des priorités de certains de nos élus [sniff].

Nous ne prenons plus le temps de faire des efforts utiles.

En 1900, le facteur Cheval, pour sa tournée, faisait 32 km à pied tous les jours. Pour que l'on comprenne bien le niveau de difficulté que cela représentait, rappelons en outre que, durant 30 années, il a eu comme hobby de ramener dans sa besace, sur le chemin du retour, des cailloux, pour construire à son temps perdu un palais grand comme un immeuble (sans pétrole ni électricité). Constat étrange, un siècle de progrès plus tard, la majorité des gens n'accompagnent pas à pied leurs enfants à l'école primaire quand il y a plus de 1 km à faire. Serait-ce à cause du temps que l'on passe à discuter écologie que nous n'avons plus le temps de nous déplacer à pied ou à vélo, et qu'il nous faut, pour rattraper ce temps, nous déplacer vite dans une tonne d'acier, de plastique et d'électronique ?
Quand il n'y a pas de piste cyclable pour arriver à l'école, les garages à vélos (quand il y en a) sont vides. Le lobby des personnes à mobilité réduite, si tant est qu'il en existe un, a su se battre de toute évidence bien mieux que celui des cyclistes, car, bien qu'il y ait davantage d'usagers à vélo que de personnes handicapées nécessitant une place spéciale sur les parkings commerciaux, très rares sont les beaux parking à vélos, et plus rares encore des parkings abrités au plus près des entrées de magasins. Pourtant, le constat est partout sans appel : quand on crée de l'espace sécurisé pour les deux-roues, il y a de nouveaux cyclistes ! Surtout quand, progrès extractiviste aidant (comprendre « saccage de notre environnement »), les vélos se voient boostés de moteurs électriques alimentés par des batteries ultra-compactes qui font que ni les montées ni la distance (< 10 km) ne nous feront désormais peur de mouiller la chemise.

› **Définition d'un vélo** (vu par un bricoleur)
15-25 kg de métal avec pédales (100 watts) et moteur de 250-1 000 watts en cas d'assistance électrique, équipé de deux roues pour transporter 100 kg et possiblement plus, à 10-25 km/h sur route plate (ou à dénivelé inférieur à 10 % pour être utilisable par 50 % de la population). Consommation réelle électrique ou musculaire : +/- 7 Wh au km (25 000 joules).

› **Définition d'une voiture thermique**
(vue par un décroissant)
1,2 tonne de complexité (confort) pour transporter trop souvent l'unique passager de 60 kg sur des distances inutilement longues à des vitesses inutilement élevées grâce à un moteur qui brûle une énergie très très très rare à l'échelle d'une civilisation, avec une efficacité de 30 %, pour développer une puissance minimum de 70 CV (Clio), soit 50 000 watts. Ce qui donne une consommation réelle (pour 4 litres aux 100 km) de 400 Wh du km (1 440 000 joules) : 50 fois plus qu'un vélo. Gloups !

Faute d'espace publicitaire à la hauteur des moyens déployés pour promouvoir l'industrie automobile, voici quelques exemples de bricolages pour élargir les usages du vélo et vous donner envie de vous y mettre.

L'idéal pour la Hollande !

◦ Super remorque en bois (50 €) plus deux roues motorisées sur vélo simple = un quatre-roues.
Ça faisait longtemps que j'avais envie de partir en vacances, de voir d'autres horizons, de sortir du quotidien tout en restant en famille pour prendre le temps de nous retrouver sans contraintes.
En 2019, pour changer de la plage au mois d'août, nous avons décidé de faire un voyage en vélo de 500 km, sans entraînement, avec des enfants de 7 et 9 ans. Le point de départ serait Marseillan (Hérault), et nous suivrions le canal du Midi jusqu'à Toulouse. Pour nous faciliter le retour, après avoir posé les vélos au point de départ, je me suis fait un petit aller-retour Sète-Toulouse pour stationner la voiture à l'arrivée.

Nous étions confiants, car j'avais réalisé, l'automne d'avant, une superbe remorque à vélo toute en bois, hormis les roues et le timon[1]. Elle était agrémentée d'un toit et de fenêtres latérales en plexiglas souples et faciles à décrocher du vélo en cas de besoin grâce à un système simple [voir croquis ci-contre]. J'étais même allé à Verdun pour animer un atelier « remorque à vélo » et j'en avais profité pour la faire peindre par les enfants dans un centre de loisirs [voir vidéo « Ep24: remorque à vélo »]. Pour être certain de pouvoir la charger et la déplacer même en montée, je l'avais équipée au printemps d'un moteur de 250 W sur chaque roue, d'une batterie lithium maison de 4 kg [voir *Yggdrasil* n° 4] et d'un panneau solaire de 130 W. Tout cela rendait cette remorque vraiment increvable[2].
Mais voilà, trop d'orgueil, trop d'ambition… On s'était mal renseigné : le canal du Midi, sur les 100 premiers kilomètres côté Méditerranée, n'est qu'un sentier de chèvre. Ma remorque, motorisée à bloc et chargée de 60 kg de matériel pour faire face à toute éventualité d'un voyage en camping sans réservation (tente, cuisine, oreillers, cannes à pêche… j'y étais allé franco) n'a jamais, avec ses deux roues, pu profiter du sentier. Elle a fait exactement 5 km avant de casser son premier rayon, et une roue s'est voilée un peu plus loin. Nous avons réussi à la traîner sur 500 m pour nous poser et réfléchir un peu. Il nous fallait une nouvelle roue et délester la remorque au maximum si nous voulions continuer sur ce maudit sentier.
Nous avons trouvé facilement une roue neuve dans un magasin (nous n'étions pas encore sortis de la ville) et mon frère, n'étant pas loin, a bien voulu récupérer en voiture le poids en trop (merci frérot). Vu que le canal du Midi, c'est tout plat (ou presque), j'ai viré toute l'assistance mécanique : moteur, batterie, panneau solaire, plus plein d'autres trucs. Pour cette première journée pleine de surprises, nous avons tout de même réussi à atteindre notre camping, 25 km plus loin, juste avant 19 h, et nous avons frôlé une dépression générale, car la piscine venait tout juste de fermer.
Je ne vais pas m'étendre sur la suite de cette mésaventure, qui a été un fiasco total. Le fléchage souvent absent a fait qu'on s'est retrouvé régulièrement dans un cul-de-sac sur la mauvaise rive (malgré notre super guide). Le sentier de terre battue un peu plus large par la suite, mais toujours plein d'ornières, m'a ralenti fortement et, au bout du troisième jour, la chaleur

Paradoxe du progrès civilisationnel

Nous sommes de plus en plus nombreux à privilégier des achats produits localement et issus d'une agriculture biologique… après avoir mis 60 litres de carburant fossile dans nos voitures, si possible neuves. Le tout agrémenté de longues discussions sur l'écologie.

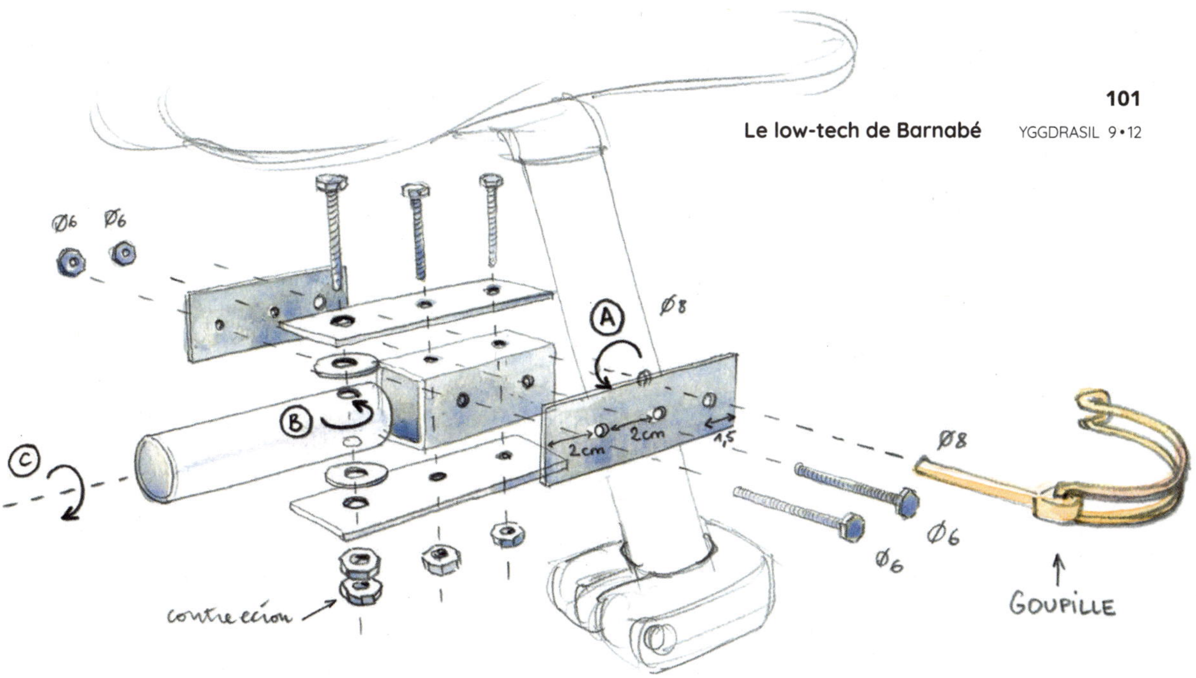

LES ROTATIONS (A) ET (B) SONT ASSURÉES PAR CETTE FIXATION.
LA ROTATION (C) SE SITUE SUR LA REMORQUE

1 x (1) tube serrurier carré 30x 70 mm
1 x (2) " " rond Ø25mm x 1000 mm
4 x (3) Fer plat. 30 mm / 3 mm largeur 120 mm
2 x (4) rondelles
4 x (5) écrous + vis = boulon de 6 x 50 mm
2 x (6) boulons de 8 x 60 avec contre-écrous
2 x (7) contre-écrous

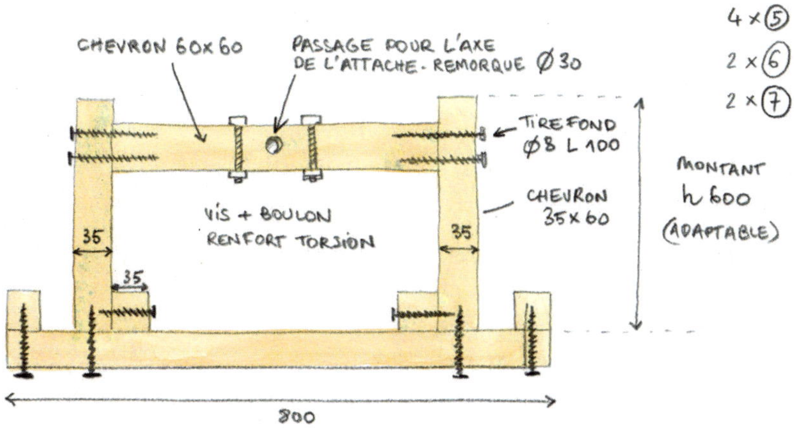

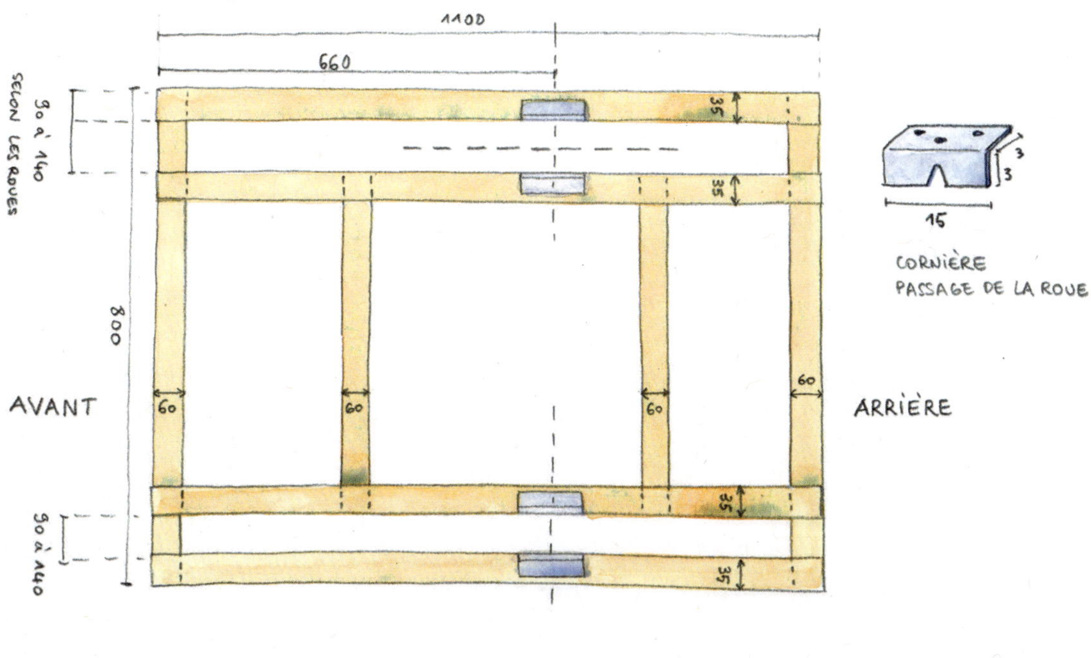

était telle (15 août) que nous étions incapables de manger quoi que ce soit, et les litres de flotte ingérée (censée nous désaltérer) nous rendaient complètement vaseux. Le camping que nous convoitions pour y rester deux jours afin de nous requinquer était complet (vive l'improvisation !) et nous avons dû repartir sans joie.
Heureusement, la bise s'était levée, il y avait de l'air… mais ça s'est avéré être pire encore. Un vent de face sur un faux plat de 5 km de long que nous avons parcouru en 1 h a été le coup de grâce. Nous avons unanimement capitulé. J'ai posé la famille au bord d'une fontaine sous des oliviers et je suis parti en stop chercher la voiture, que ma prétention m'avait fait garer loin, très loin, trop loin…
De retour à la maison, j'ai remonté la motorisation de la remorque et j'ai participé au Sun Trip Tour avec des gens sympas qui partaient avec des vélos solaires tout aussi bizarres que le mien, mais sur route goudronnée. Cette année-là, le tour les emmenait à Canton, en Chine, à 12 000 km de là. Je les ai accompagnés seulement d'Annecy à Chambéry (15 km), car après c'était +/- des étapes de 200 km par jour. Je suis resté dans mes montagnes et j'ai essayé d'utiliser au maximum mon vélo et sa remorque. Mais cela a été difficile. Impossible à garer avec d'autres vélos, ça dépassait de 2 m derrière. Et se garer sur une place de parking voiture m'attirait des regards hostiles.

C'était très confortable comme remorque pour un passager de 7 ans avec un coussin, mais pour le conducteur, avec les 100 m de dénivelé sur le dernier kilomètre, c'était dissuasif : je passais autant de temps à pédaler qu'à marcher en transpirant à côté du vélo, malgré les deux moteurs.
À cause des sentiers du canal du Midi et de la côte à 15 % qui mène à notre maison, ma remorque de *warrior*, qui aurait fait un malheur en Hollande, est restée là sans bouger, à prendre la poussière pendant un an. C'est à la demande d'un ami que je l'ai démontée pour équiper une sorte de carriole qu'il avait du mal à pousser dans la montée.

Conclusion : si j'avais habité dans une zone à peu près plate, je l'aurais gardée, je m'en serais servi pour tout faire et j'aurais vendu ma voiture. Mais deux roues derrière un vélo, c'est lourd dès qu'il y a de la montée, et en descente, au-delà de 25 km/h, derrière, ça commence dangereusement à danser.

◦ Super remorque monoroue en fer (50 €) plus vélo électrique = un trois-roues

Ceux qui me connaissent un peu savent que je suis du genre têtu. Alors, en 2020, j'ai voulu prendre ma revanche sur le tour à vélo 2019 raté. J'avais prévu de diversifier les joies d'un tel projet. Premier objectif : familiariser les enfants avec la disqueuse et la perceuse à colonne, car ce n'est pas le tout d'utiliser une remorque à vélo, c'est mieux si elle est autoconstruite. Nous avons donc esquissé, puis dessiné les plans de ce que serait une remorque monoroue capable d'embarquer 35 kg de matériel.
En quelques jours, avec un budget de 50 €, nous avons tracé, coupé, pointé et percé du petit tube carré 20 et 25 mm, que nous avons assemblé avec des boulons pour faire une belle remorque. Sans soudure pour être accessible au plus grand nombre. Le premier essai a consisté à partir de chez nous pour faire une boucle raisonnable de 200 km en deux ou trois étapes.

On avait pris les tentes, les sacs de couchage et le réchaud, mais, pendant le confinement, les lieux d'accueil des étapes se sont fermés au dernier moment. Notre périple avec pas mal de dénivelé n'a donc fait que ridiculement 70 km en une seule étape, et on a atterri dans notre jardin ! On ne s'est pas dégonflé, on a monté la tente dans le jardin, cuit des pâtes au réchaud et dormi serrés comme des sardines. Je ne dirais pas qu'on a bien dormi, mais, malgré les 5 °C, nous n'avons pas eu froid. Nous étions fiers et heureux d'avoir eu notre petite revanche. Comme quoi, tout est toujours à relativiser !

La remorque fait 9 kg. Sur le plat, je ne l'entends ni ne la sens du tout. Et en montée, jusqu'à 15 kg de chargement, j'arrive sans problème à rentrer chez moi, surtout depuis que j'ai reçu une roue électrique Teebike où tout est inclus (batterie, moteur et capteurs), sans aucun fil qui sort et qui est installable sur n'importe quel vélo en cinq minutes.

Pour que cette remorque soit démontable facilement, et pour garder l'usage du porte-bagage, deux fers plats boulonnés prennent en sandwich l'arrière du porte-bagage, qui sert d'attache à la remorque.

Particularité : une remorque monoroue doit être articulée sur deux axes. Un pour suivre les bosses et trous de la route et un autre pour permettre

Ah, l'Afrique !

Il y a quelques années, en Côte d'Ivoire, j'ai offert un vélo Peugeot neuf à un ami. Il a couru l'emmener au garage, sous mes yeux ébahis. C'était pour faire doubler le nombre de rayons sur la roue arrière, afin de pouvoir, sans risque sur des routes en terre battue, transporter toute sa famille aux champs pour y travailler la terre.

Le Vhélio, un projet collaboratif à suivre sur leur site : vhelio.org

de tourner dans les virages. Mais la remorque doit être maintenue dans le même axe vertical que le vélo. Nos premiers essais sur le sujet n'étaient pas assez précis et l'articulation avait un jeu que l'on ressentait lors de la conduite. Nous avons remédié à cela en recherchant « cardan accouplement » sur Internet et acheté un cardan de direction pour voiture à 10 € pour relier le vélo à la remorque [voir croquis page précédente]. La taille de la remorque permet de poser facilement trois ou quatre cagettes de maraîchage, que l'on maintient avec des tendeurs. Idéale pour faire des courses !

◦ Vélo cargo = un deux-roues

Qui n'a pas entendu parler de ces nouveaux vélos rallongés que l'on peut conduire (en pédalant) sans assurance, sans contrôle technique, sans permis, sans émission de CO_2... (la liste est longue), capables de transporter une charge utile de 100 kg et se faufilant dans les ruelles pour livrer colis et enfants ? Les Hollandais les ont adoptés depuis longtemps, car, sur une route plate, qu'ils soient lourds ou légers, il n'y a qu'au démarrage et au freinage que cela change. Dans nos contrées escarpées, leur usage était resté marginal.

C'était sans compter sur le lithium, qui permet, en tant que matériau de stockage électrique compact, d'intégrer des assistances électriques facilement. Ainsi équipé, ce vélo devient très attrayant pour les trajets citadins, même pour Montmartre ou Fourvière. Plus aucun lieu ne lui échappera !

C'est la course, tout le monde veut en fabriquer, en importer ou en louer, de la PME en reconversion au Fablab effervescent, en passant par les grosses enseignes : il y a de nouveaux modèles tous les 15 jours. Si l'on en croit les annonces médiatiques des gouvernements écologistes (ou en recherche de *greenwashing)* ou de la Poste, les vélos cargos sont en vogue.
Les Hollandais, pionniers du grand public avec leur marque Amsterdam, sont rejoints par les Allemands, et Étasuniens comme Français ne veulent pas rester en rade.
Mais, mais, mais... rien en dessous de 2 500 € sans assistance électrique en entrée de gamme, et il faut ajouter 1 000 € minimum pour un moteur avec batterie. Il n'est pas rare de voir des vélos cargos à 5 000, voire 6 000 € ! Eh oui, pour 50 kg, ça fait cher au kilo ! Nous ne sommes plus du tout, de mon point de vue, dans le budget du vélo : on se rapproche de celui de la voiture (surtout depuis qu'est sortie la voiture électrique deux places sans permis AMI de chez Citroën à 6 000 €). C'est peut-être pour cela que tout le monde s'y met, au vélo cargo, car, derrière le concept sympa, à ces prix-là, il y a un business bien juteux...
Quand je pense que sur le site de vente chinois AliExpress (je le cite pour que vous puissiez vérifier par vous-mêmes) il y a des triporteurs à

assistance électrique à moins de 1 000 €, ça me fatigue qu'on soit si mauvais en bonnes idées accessibles au grand public. L'attrait de l'argent étouffe trop souvent les bonnes idées.

« Et l'auto-construction (DIY) ? », vous allez me dire…

Bien évidemment, pourquoi n'y avais-je pas pensé ? À force de chercher sur la Toile comment y arriver, je suis tombé sur un gars (Phil Vandelay) qui propose pour 25 € une vidéo et les plans complets très détaillés pour réaliser son propre vélo cargo de A à Z… que je me suis procurés. C'est là que j'ai hésité : soudure au MIG, scie cloche à métaux, scie à ruban… soit plus de 1 000 € d'outillage indispensable que je n'ai pas et que mes voisins proches n'ont pas non plus. À cela s'ajoutent plus 500 € de matériel et entre cinq et 15 jours de boulot, suivant les compétences manuelles du bricoleur. Alors j'hésite, j'hésite… Et plus encore à cause de cette fameuse pente qu'il y a pour arriver chez moi. C'est alors que je croise un ami du Sun Trip Tour qui me fait découvrir un vélo cargo en kit à monter sur n'importe quel vélo (il s'appelle Argo Bike) pour un prix très excessif ramené au kilo de fer et par rapport au niveau de technologie que cela demande, mais raisonnable comparé aux autres propositions que j'ai trouvées : 1 200 €. Le système est très simple, et surtout le montage est réversible en cinq minutes. Un gros tube en position basse constitue l'ossature de la partie cargo et vient se fixer sur le pédalier du vélo à transformer. Le kit propose devant une petite roue pour abaisser le centre de gravité et, au-dessus, une caisse pour transporter ce que l'on veut. Et c'est là que l'idée est bonne : la fixation se fait sur le support du pédalier et sur la fourche du vélo d'origine. Le système s'adapte à n'importe quel vélo. Seul aménagement à faire : raccorder le câble du frein à disque avant du cargo au câble devenu trop court du frein d'origine [voir photo p. 98].

J'ai testé chez moi pendant quelques jours ce vélo cargo et ses accessoires – moteur à galet (ADD E), plateau ovoïde (Ossymétrique), visière (Veltop) : très confortable à conduire en toute circonstance, après quelques essais, malgré sa longueur totale de 3 mètres. Merci Alain letter.

L'histoire ne fait donc que commencer, car, maintenant, il y a beaucoup de place libérée par le déplacement de la roue avant. Je vais pouvoir y mettre un moteur qui se prendra directement sur le pédalier, ce sera beaucoup plus « coupleux » (puissant à toute petite vitesse), et mon rêve de me passer de ma voiture en campagne va peut-être se réaliser.

Il ne me reste plus, pour pouvoir me décider, qu'à tester le cargo trois roues lyonnais Addbike, qui permet, lui aussi, de faire évoluer son vélo d'origine en vélo cargo. Un peu moins cher, plus léger et plus compact.

Et, au cas où je n'arrive pas à remplacer ma voiture par mon motoculteur [voir *Yggdrasil* n° 8] ou par un vélo cargo, l'association Vhélio, qui a créé un vélo trois roues pour transporter deux adultes et deux enfants ou du matériel lourd, équipé d'assistance électrique et surtout d'un panneau solaire qui fait office de toit, a décidé de me prendre comme cobaye pour tester le premier kit public. Je suis invité à monter le kit et à faire le trajet Grenoble-Bourges cet été (500 km) en famille. Bien sûr que nous avons accepté ! Ha ha ha, enfin nous aurons notre revanche ! À suivre… ᛘ

Le constat est partout sans appel : quand on crée de l'espace sécurisé pour les deux-roues, il y a de nouveaux cyclistes !

1. Vidéo tuto du montage sur Youtube : « Ép. 24 Remorque à vélo ».
2. Tuto extra sur Youtube : « Vélo électrique solaire, transport gratuit ».

L'art papou d'écouter la voix de tous, même la plus petite

Au nord de l'Australie, à l'est de l'Indonésie, 7 millions de Papous continuent de construire depuis 1975 un pays indépendant aux multiples couleurs, où modernité et coutume se côtoient et se marient. Un formidable laboratoire humain et inspirant au cœur du Pacifique.

Ce n'est qu'au début du siècle dernier que les Occidentaux commencèrent à explorer l'archipel mélanésien de la Nouvelle-Guinée, deuxième île la plus vaste du monde après le Groenland. Jusque-là, depuis sa « découverte » par les navigateurs portugais au XVIe siècle, elle était restée à l'écart des grandes routes commerciales. À partir de 1873, alors que le capitaine anglais John Moresby donne son nom à un site qui deviendra la capitale de la Papouasie-Nouvelle-Guinée, les Occidentaux débarquent peu à peu et découvrent une population qui vit là de façon traditionnelle depuis des milliers d'années. Ils rencontrent parfois quelques chasseurs de têtes et certaines tribus qui pratiquent encore des rituels cannibales pour s'emparer symboliquement de la force de l'ennemi. C'est il y a moins d'un siècle qu'ils explorent l'intérieur des terres, découvrant une multitude de populations : une « terre promise » pour les anthropologues, qui y étudieront la diversité étonnante de langues et pratiques culturelles.

Les peuples racines ou l'art du renouveau

Un peu partout sur la planète, les peuples racines ont vécu au cours de leur histoire, avec l'arrivée de l'homme blanc, une forme d'effondrement. *« Si l'on parle de fin du monde, les Indiens savent de quoi il s'agit ! Ce sont même des experts en apocalypse »*, analysait en 2014 l'anthropologue brésilien Eduardo Viveiros de Castro. Le fait que leurs cultures sont avant tout enracinées dans une histoire de lien profond, viscéral, avec la terre leur permet, depuis des siècles et malgré les obstacles, d'envisager le renouveau. D'où tirent-ils leur force d'avancer ? Et qu'est-ce que cela peut nous apprendre ?
Dans ce numéro, les Papous.

Homme de la tribu des Hew.

Peuples premiers, peuples racines

FREDERIKA VAN INGEN • PHOTOGRAPHIES MARC DOZIER

Politiquement, avec la colonisation, l'archipel est divisé en deux. D'un côté, à l'ouest, une colonie hollandaise, l'Irian Jaya, qui passe en 1961 sous domination indonésienne et devient la Papouasie Occidentale. Y vivent aujourd'hui encore environ 200 tribus, souvent de façon traditionnelle et maintenues dans une grande pauvreté par l'État indonésien, qui exploite leurs terres. Mines de nickel, de cobalt, d'or, de cuivre et exploitations de gaz naturel prolifèrent, et les habitants de Java, notamment, s'y sont installés en nombre, incités par des aides gouvernementales. À l'est, c'est une tout autre histoire : la Papouasie-Nouvelle-Guinée, transmise par les colons anglais à l'Australie, devient indépendante en 1975.

La Papouasie-Nouvelle-Guinée, terre du particularisme.

La forme des maisons des esprits de style Abelam a fortement influencé celle du Parlement national de Port Moresby.

Un peuple traditionnel ? Oui et non, en réalité. Car, si les Papous de Papouasie-Nouvelle-Guinée – 7 millions d'habitants, répartis en 700 à 800 tribus sur une surface grande comme la France – tiennent encore vraiment à leur culture et sont fiers de leurs coutumes, ils sont aussi de grands amateurs de modernité. « *C'est la terre du particularisme,* décrit Marc Dozier, photographe et réalisateur qui arpente depuis 25 ans cette île et passe de longs mois chaque année auprès de ses habitants. *Quand on dit "les Papous", c'est un peu comme dire "les Asiatiques", en termes de diversité culturelle. Là-bas, certains habitants de Port Moresby possèdent un 4x4 et le dernier iPhone, alors que dans les régions les plus reculées du pays d'autres n'ont peut-être jamais vu un téléphone et n'ont pas l'électricité. Certains pêchent du poisson tous les jours, d'autres font leurs courses dans un supermarché. Certains portent des plumes et d'autres, des masques.* »

Ce particularisme a survécu, jusqu'à aujourd'hui, à l'arrivée de la modernité sans y perdre de plumes, d'autant plus que, contrairement à de nombreux peuples racines qui ont vécu l'arrivée des Blancs comme un effondrement, les Papous, eux, profondément influencés par l'imagerie chrétienne des Évangélistes, y ont vu tout l'inverse : « *Ils disent souvent,* rappelle Marc Dozier : *"Avant l'arrivée des Occidentaux, nous vivions dans l'obscurité, et les Occidentaux ont amené le soleil et la lumière."* »

Le regard connaisseur de ce photographe sur les Papous est à la fois tendre et réaliste. Parce qu'il

a appris à bien les connaître, depuis son arrivée en 1994 pour étudier à l'université d'art de Port Moresby. « *J'y ai rencontré beaucoup d'étudiants qui m'ont invité dans leurs villages. C'est ainsi que j'ai commencé à voyager à travers la Papouasie-Nouvelle-Guinée, et que j'en suis tombé amoureux. J'ai passé des mois à dormir dans des cases enfumées, à marcher sur des sentiers boueux, à manger des patates douces et de la farine de sagoutier. J'ai passé tellement d'années à explorer ce pays que je ne les compte plus. Aujourd'hui, je me sens, bien sûr, profondément français, mais une partie de mon cerveau pense comme un Papou.* » En 2001, il rencontre le chef papou Mundiya Kepanga, de la tribu des Huli, en contact avec les Occidentaux depuis les années 1930. Ils deviennent amis et Marc l'invite en France. Ensemble, ils réalisent films, conférences et livres autour du regard unique du leader traditionnel. Il partage sa culture, sa vision du monde et invite à respecter l'environnement, et tout particulièrement les forêts primaires du globe. En effet, un point différencie tout particulièrement nos cultures : la vision de la nature. Bien qu'évangélisés par les missionnaires, les Papous conservent cette perception spirituelle que la nature est une entité à respecter. « *La nature est généralement vue comme généreuse, car elle offre de la nourriture. Mais elle est également considérée comme dangereuse, car peuplée d'esprits qu'il ne faut pas offenser,* considère Marc Dozier. *Un jour, par exemple, nous étions sur les îles Trobriand avec des amis voyageurs. Après avoir marché des heures, nous étions assoiffés, et, sur une plage superbe, il y avait des noix de coco magnifiques. Mais lorsqu'on a suggéré d'en cueillir, les Papous nous ont dit : "Non, c'est interdit. Il y a de mauvais esprits ici et il ne faut rien prendre." Traditionnellement, ils ne*

Ci-contre
Le chef papou Mundiya Kepanga dans un avion Air Niugini (compagnie nationale papoue).

Épave d'un bombardier abattu durant la Seconde Guerre Mondiale.

Quelques pépites de Mundiya Kepanga

Avec son regard décalé et caustique, ce chef papou dresse un tableau de nos sociétés à la fois drôle et réaliste. Il a écrit, avec l'aide de Marc Dozier, *Au pays des hommes blancs, Les mémoires d'un Papou en Occident*, Nugini Éditions. Extraits.

« Parfois, j'entends dire que je fais partie des "peuples premiers". Franchement, je ne comprends pas ce que ça veut dire. Si nous, les Papous, nous sommes un peuple premier, est-ce que cela veut dire que les Blancs sont un peuple second ? C'est étonnant, car les Blancs veulent toujours être les premiers, les plus forts et les plus grands. »

« Les hommes sont les frères des arbres. Les arbres veillent sur les hommes comme les hommes doivent veiller sur les arbres. [...] Aujourd'hui, avec l'aide de notre gouvernement, de grandes sociétés forestières étrangères ont pris possession de certaines de nos terres. Avec leurs tronçonneuses, ils coupent les troncs aussi facilement que des bananes mûres. En tombant, les arbres poussent un grand cri, qui résonne très loin. On dirait qu'ils disent adieu à leur famille et à la forêt tout entière. »

« Ce sont les Blancs qui ont inventé le temps. Toute leur vie est réglée par le temps... Il faut toujours arriver à l'heure au travail, partir à l'heure, revenir à l'heure, manger à l'heure. [...] Mes ancêtres et tous ceux de ma lignée n'avaient pas l'habitude de compter les années. Ils comptaient seulement les lunes. Pour eux, l'apparition et la disparition d'une lune correspondait à un cycle. Ce sont les Blancs qui ont inventé les jours, les semaines, les mois et les années. Pourquoi les hommes blancs mesurent-ils le temps ? Je n'en ai aucune idée. Je crois que leurs ancêtres avaient l'habitude de compter les années, alors ils continuent de faire pareil. »

cueillent pas les fruits du cocotier sur cette plage car cet espace constitue d'une certaine façon une réserve naturelle. En fait, ces endroits sont "tabou" – mot qui vient d'Océanie – afin de préserver les ressources. Or, au-delà des croyances animistes, il est logique de préserver des zones de nature sauvage pour qu'elles se régénèrent. » Une vision que traduit Mundiya dans le documentaire *Frères des arbres** avec cet aphorisme : « *Lorsque tous les arbres auront disparu, les hommes disparaîtront à leur tour.* » Un autre aphorisme populaire dans sa tribu prend également un sens particulier aujourd'hui : « *Lorsque le marais sera sec, prépare-toi à la fin du monde.* »

Portée par des formules imagées, la relation à la nature des Papous n'a rien de romantique. « *Si notre vision héritée de Rousseau tend à les imaginer comme des naturels qui vivent libres et heureux dans la nature parce qu'ils n'ont pas été corrompus par la société, cela n'est pas du tout leur perception,* analyse Marc Dozier. *Ils subissent la nature, dont les règles sont dures. Ils ne la fantasment pas. Ils savent que, dans la nature, hors de la modernité, quand il pleut, on prend la pluie, quand on n'a pas travaillé la terre, on a faim, et quand on est malade et qu'on n'a que les plantes, on peut mourir. Du coup, ils aimeraient tous avoir l'électricité, l'eau courante, un hôpital, des médicaments et une vie plus facile.* » Ainsi,

dans cet État souverain, la modernité a tout de suite trouvé sa place. Les buildings se construisent à toute vitesse dans la capitale. Les embouteillages, la pollution et l'exploitation des matières premières font partie de leur réalité. Il faut dire que cette modernité a considérablement augmenté leur espérance de vie : celle-ci est passée de 41 ans en 1960 à 64 ans en 2017. Le chef Mundiya Kepanga reconnaît qu'avec l'influence des missionnaires et de la modernité, une bonne part de leur culture traditionnelle a disparu. Mais il se réjouit de la construction des routes, qui facilite les déplacements, et de la possibilité pour ses enfants d'aller à l'école, et qu'ils ne meurent plus d'une simple diarrhée…

Pas de romantisme non plus dans leur relation aux animaux, même si elle aussi diffère de la nôtre, car ils reconnaissent aux animaux, comme aux êtres humains, une âme : « *Mundiya dit : "Cet oiseau a une maison, des enfants, une langue, des amis, des ennemis, un caractère." Pour autant, il n'aura aucun scrupule à le manger. Cependant, quand il le tue, il a conscience de l'importance du sens que ça a.* »

De même, la perception de la nature comme un « bien commun » dont tout le monde peut profiter n'est pas un concept papou. « *Chez les Papous, tout dans la nature appartient à quelqu'un, qui possède un droit coutumier, traditionnel, tribal sur son territoire. Et personne ne cueillerait une fleur si ce n'est pas sa fleur.* »

Vie et mort chez les papous : détente après une fête traditionnelle et momies dont les rites autrefois répandus ont disparu aujourd'hui.

L'espérance de vie des papous a augmenté de presque 25 ans depuis 1960.

Beauté et nature au cœur des cérémonies

Les Papous ont poussé l'art des parures à son paroxysme. Marc Dozier a consacré une bonne partie de son travail de photographe à ce savoir-faire :
« La beauté corporelle est transcendée par la nature : plumes, os, cheveux, feuilles, fleurs, toiles d'araignée, bois, ergots d'animaux, becs, coquillages, mousses, rotin... les Papous utilisent tout ce que l'imaginaire humain peut concevoir avec ce que la nature leur offre pour créer des parures uniques au monde, qui sont d'une richesse et d'une précision incroyables. »

Au cours de ces célébrations, la nature est la première invitée, au niveau tant des matières premières que des symboles. Ainsi, la tribu de Mundiya se pare pour ressembler à l'oiseau de paradis, qu'ils imitent dans sa parade nuptiale. Ou au casoar, que les Hulis considèrent comme leur ancêtre. D'autres se réfèreront aux papillons, aux crocodiles, etc. Un hommage inspirant !

Il faut cependant, pour le comprendre, considérer que cette nature, ils l'envisagent comme nous verrions notre maison : « *En Papouasie, cueillir un champignon dans la nature, c'est exactement comme si on entrait chez vous et qu'on se servait dans votre frigo. Si vous marchez dans la forêt et cueillez quelque chose, ou si vous marchez sur des herbes, quelqu'un pourra venir vous demander de payer, car cela lui appartient.* » Mais cette façon de revendiquer la propriété – un peu singulière pour nous – va de paire avec une autre façon de faire particulièrement inspirante : la discussion est toujours possible et rien n'est gravé dans le marbre. Si, chez nous, les lois sont écrites, les lois coutumières papoues ne sont pas écrites : « *Tout le monde les connaît plus ou moins, mais surtout, on peut toujours discuter… Cela prend beaucoup de temps, et peut même être remis en cause ultérieurement par une personne qui n'était pas présente dans l'échange ! C'est extrêmement laborieux, avec des discussions à n'en plus finir.* »
« *En les observant, j'ai compris qu'on a beaucoup à apprendre dans cette façon de faire,* note Marc Dozier. *Car elle oblige à prendre tout le monde en considération. Si une décision est prise, puis qu'un petit garçon de 8 ans vient se plaindre de quelque chose, pour n'importe quelle raison, on va tout remettre en question ! Car toutes les voix comptent. Ça peut sembler excessif, mais il y a un équilibre à trouver entre notre monde et le leur.* »

Un exemple qui caractérise leur façon d'échanger : l'expression « *wan bel i stap* », qui ponctue les situations de conflit ou de désaccord. Elle signifie littéralement : « *il y a un estomac* ». Pour les Papous, à la fin de toute discussion qui nécessite de se mettre d'accord, « *il est essentiel que tout le monde se sente bien, comme si l'on avait partagé un même repas ensemble, que tous soient apaisés, bref, que rien ne "reste sur l'estomac"*, explique Marc Dozier. *Dans leurs sociétés, où les conflits peuvent dégénérer et devenir violents, cette notion permet de maintenir un équilibre et garantit que tout le monde sera entendu, pris en compte et respecté.* »

Ainsi, quand une personne se sent blessée, quelle qu'en soit la raison, la discussion aboutira à un accord et à une compensation (nourriture, argent, coquillages, etc.), un geste symbolique qui permettra de libérer la rancœur. « *Passer beaucoup de temps avec les Papous m'a appris cela*, constate Marc Dozier : *si vous laissez au bord du chemin quelqu'un qui est fâché, vous le retrouverez un peu plus tard sur le chemin, encore plus fâché.* »

Cette sagesse, en réalité, a fait de la Papouasie-Nouvelle-Guinée une véritable démocratie d'inspiration totalement traditionnelle. « *Dans la région située autour du fleuve Sepik, il y a des* haus tambaran, *des maisons des esprits où siègent des hommes initiés, qui sont passés par des scarifications très dures. Elles fonctionnent comme un parlement, avec le gouvernement et l'opposition. Et, au milieu, un grand siège représentant un esprit, avec une figure sculptée. Quand une personne du gouvernement parle, elle prend une gerbe de feuilles, prononce son discours et tape sur le siège. Puis l'opposition vient et fait la même chose. Et, à la fin, ils prennent une décision : c'est un parlement et une démocratie comme chez nous, mais traditionnelle.* » L'ancien premier ministre Michael Somare, considéré comme le « père de la Nation » et décédé en février 2021, décrivait ainsi sa culture : « *Notre culture à nous, les Mélanésiens, c'est d'écouter tout le monde. C'est cela que nous avons à apporter à la modernité.* »

*Un film de Marc Dozier et Luc Marescot/Production Lato Sensu, freresdesarbres.com

Activer la métamorphose

*Le bonheur est à portée
de main, le plus difficile
est de pouvoir l'attraper.
Alors, j'ai choisi de le caresser
un peu chaque jour…*

Un rêve éveillé

« Les feuilles chantent, caressées par le vent… j'entends leurs petites voix. Les herbes, les fleurs, les arbustes et les arbres dansent. Ils entourent la prairie, porte de la forêt. Ma vision est floue, des ronds de lumière et une multitude de couleurs pastel.
L'odeur de l'été. La chaleur sur ma peau. Le son du vol des insectes. Une mésange messagère vient se poser, puis repart.
Sentir sous la plante de mes pieds nus la vie qui fourmille. Je suis comme ces végétaux, ces insectes et ces animaux autour… attentive, en réception du flux de Vie, reliée à mon intuition, à l'âme du monde.

Que cet espace est doux, profond, intemporel.

Je marche vers le jardin pour y cueillir des framboises. Elles sont si hautes ! Suis-je enfant ou adulte ? À ma bouche, je dépose ce fruit sur ma langue et la resserre jusqu'à mon palais, lentement, pour sentir chaque petite capsule juteuse se propager dans mes papilles. Mon appétit grandit. J'observe les fourmis… leurs corps en circulation formant un chemin mouvant. Hypnotique.

Des silhouettes se dessinent, vous êtes là. Des mains douces me portent un bol avec des œufs en neige… une éternité que j'en ai mangé ! De la crème anglaise avec des nuages qui se sont posés dessus. Ma grand-mère en cuisinait lorsque j'étais petite. J'avance, pas à pas, vers les silhouettes. Les odeurs de rose envoûtent, je passe sous l'arche de fleurs, j'entends des sourires.

Où suis-je ? La voix me demande. Je ressens à la fois le lieu de mes vacances d'enfance dans le jardin de la ferme de mes grands-parents, et en même temps je perçois le lieu de vie du terrain de cœur[1]. Un mélange entre le passé et le futur… un moment intemporel et juste.
Mes mains sentent les vôtres reliées et la caresse de la végétation qui s'est installée, multipliée, et qui voyage tout autour. Une énergie féconde.

Je me sens nourrie par toute cette vie et par les liens que nous avons tissés en plantant ensemble ces graines de rêves qui se sont réalisés, ces graines de légumes qui nous nourrissent, ces arbres qui ont grandi, ces arches végétales qui embaument poétiquement l'air subtil que nous inspirons.

Cette vision-sensation est venue à moi lors d'une transe hypnotique. La voix m'a invitée dans un lieu où je me sentais bien, apaisée. Les steppes de Mongolie sont d'abord venues à moi : l'Immensité et le Vent. Puis, soudainement, la végétation et sa multitude de couleurs dans un écrin de douceur. Mon inconscient m'a emmenée vers ce lieu où la vie foisonne à nouveau. Un lieu sans géographie ni temporalité, un lieu qui nous relie à notre juste place. Un lieu où tout être se sent relié à la Vie, par sa beauté, son intelligence, sa générosité. Cette mémoire est à la fois inscrite dans mes cellules par mes vacances d'enfance vécues à la ferme, au jardin, dans la forêt… et à la fois dans une mémoire ancestrale et dans une mémoire future. Oui, une mémoire future ! Ce futur, je sens l'avoir déjà vécu, j'y suis fortement reliée, guidée depuis si longtemps, il m'envoie des messages pour qu'il puisse se réaliser.

Nous pouvons devenir des êtres, des tribus, des sociétés régénératrices[2], en nous reconnectant à l'énergie sauvage, en ressentant la circulation du Vivant et en y participant, en aidant à la fécondation de la matière. Aider à ré-ensauvager la terre nourricière. La Vie, dans sa synergie, fera son Grand Œuvre et attirera les vies complémentaires pour créer l'harmonie.

Créons, observons, expérimentons, semons encore et encore… avec la force du cœur, avec l'humilité de notre place humaine parmi l'immensité, parmi le Sauvage, l'intelligence de vie qui contient tous les enseignements à intégrer.

Continuons à régénérer cette terre, avec les principes du Vivant… ceux-là mêmes qui nous régénèrent, qui nous donnent vie, qui éveillent toute forme de vie.

Les ressentir et les transmettre est redevenu notre juste place… Nous y étions prêt·e·s, nous y sommes prêt·e·s. Conscient·e·s de l'effondrement du système de vie qui permet la vie telle que nous la connaissions, nous avons commencé à créer des lieux de vie expérimentaux, régénérateurs. Ils se sont multipliés jusqu'à revenir à une terre féconde, généreuse, créatrice, enveloppante, respectée des humains.

De l'esprit de l'arbre au grand-duc

Je m'assois au creux de l'arbre centenaire. Il respire la sagesse. Je me sens nue et fragile dans son antre, d'où émanent tant de force et la traversée lente du temps. L'arbre est collaboratif et patient. Lente et profonde évolution. Je respire son écorce.
C'est alors que je perçois une présence. Je lève mon visage vers les branches entremêlées de la forêt. Ses yeux d'un orange vif me fixent. Je ressens son calme et ses serres qui détiennent tant de force et de précision. Immobile, mimétique à l'écorce, il incarne cette force tranquille des grands animaux. Le hibou grand-duc est le plus grand des rapaces nocturnes. Je murmure un silence puis un son, tel un lien invisible. Il me dévoile sa vision.

L'esprit du grand-duc, de l'arbre, de la forêt a bien plus à nous délivrer que n'importe quel livre. Seule l'expérience qui nous traverse profondément nous transforme. La reconnexion au Sauvage nous délivre tous les enseignements. Ressentez-vous l'appel de la forêt, le chant du vent, le regard du rapace… ?

Partez à leur rencontre… là, maintenant, peu importe où vous êtes.

L'énergie de l'été favorise l'action, l'élan, le courage d'aller vers…

Cultivons la beauté dans le chaos,
S'éveilleront les idées de l'Inspiration,
Depuis la Conscience jusqu'à nous,
Pour enfin construire la suite du monde.

Celle où nous expérimenterons la vie transmise
avec l'humilité d'en être une poussière,
avec la conscience de la chérir et de la nourrir,
avec l'ancrage de nos destinées interconnectées.

Vertiges dans le Chaos…

Je me sens telle une poussière dans une coquille de noix, dans un océan en tourmente. Accompagner la dérive. Vertige dans l'immensité. Traverser le Chaos, se laisser traverser par lui, tour à tour, afin qu'il nous transforme.

Tu arrives vers moi et m'enlaces. Un ancrage de douceur, de chaleur. Toutes les émotions sont si fortes. La force de la puissance de Vie qui me fait vibrer. Je me relie à toi, ferme les yeux.
Je me sens dans une coquille de noix soumise au vent. Je laisse le chant des nuages me traverser. Sensation de devenir un corps transpercé, de redevenir Un.

Je me sens dans l'immensité en bouleversement, ressentant l'ancrage de la reliance à travers la chaleur de tes bras, le goût des fraises, la vibration des grillons, le frissonnement de ma peau avec la bise du ciel… je me sens reliée au battement du monde, au Souffle, notre véritable ancrage. Nous sommes relié·e·s.

Avec amour. Prenons force dans l'ouverture du cœur. Ressentir et se relier au courage de toutes les femmes et de tous les hommes qui sont en train de transformer leur être, leur vie pour habiter le monde en harmonie avec le Vivant, avec plus d'équité, plus de respect, dans la Paix.

… pour une métamorphose

La libellule vient se poser sur l'eau. Elle est un symbole de la transformation et du renouveau.

À l'image des animaux qui opèrent des métamorphoses (du latin *metamorphōsis : metá* signifiant « après » et *morphē* « forme »), nous vivons la nôtre sur le plan individuel et sociétal.

Le mécanisme de la métamorphose repose sur l'existence de cellules imaginales qui s'activent lorsque l'animal est prêt pour sa transformation. Ces cellules se reconnaissent, se regroupent, se multiplient et forment les disques imaginaux, qui donnent le schéma de la future forme : de la larve à la libellule, au papillon, à la coccinelle, etc.

Ces disques constituent une phase naturelle de l'évolution de l'animal. Cependant, ils sont considérés comme des corps étrangers par son système immunitaire, qui tente de les détruire. Au fur et à mesure que les disques se multiplient et commencent à se souder les uns aux autres, le système immunitaire s'effondre et le corps commence à se désagréger, puis à se transformer.
L'effondrement de la structure est essentiel pour l'apparition de la nouvelle forme.
Le processus de métamorphose de la libellule peut être transféré au fonctionnement de nos sociétés actuelles. Un système est en place. Peu à peu, des personnes prennent du recul. Elles commencent à rêver, à avoir envie d'autre chose, à se rassembler, à créer autre chose. Ce sont les cellules imaginales. Au départ, elles sont peu nombreuses. Elles se regroupent dans un but commun, elles échangent, elles commencent à construire un futur ensemble.

Le système en place, majoritaire, est très réticent aux modifications profondes, car le changement et la différence font peur. Alors, il attaque les cellules imaginales dans l'intention de les détruire.
La réussite de la métamorphose opère en fonction de la synergie. Il est important de tisser et de solidifier les liens, les ponts, les passerelles afin de construire ensemble, de ne pas oublier notre but commun et d'éviter de nous chamailler sur les moyens mis en œuvre ou les aspects pratiques qui divergent selon telle ou telle personne, tel ou tel groupe.

Lorsque les cellules imaginales coopèrent dans un objectif futur commun, de plus en plus de cellules viennent se greffer, et la métamorphose finit par arriver.

Il ne faut donc pas rejeter les nouvelles cellules imaginales, même si elles ont une idée de transformation différente ou si elles utilisent d'autres moyens, la direction de transformation étant la même[3].
Se diriger vers le futur que l'on souhaite voir naître, reconnaître ceux qui sont déjà en mouvement, se reconnaître entre cellules imaginales, se soutenir, se rassembler, agréger nos individualités, nos complémentarités. Pas besoin de rejet ou de combat, simplement de la coopération et la volonté de vouloir construire autre chose ensemble… afin que ce futur puisse être notre métamorphose commune.

Réaliser ses rêves casse les limites, déploie les ailes de la créativité, force à réinventer sans cesse, dévoile un paysage entier où l'ombre et la lumière s'équilibrent. Interconnectons tous les nouveaux chemins que nous sommes en train de co-créer, dans nos modes de vie plus harmonieux avec le Vivant.
Contribuons à la reconnexion à l'énergie sauvage telle une âme commune, notre racine ancestrale… pour y déployer la voie intérieure qui nous guide vers l'harmonie intuitive et fait éclore les ressources.

Passer du rêve au concret nous met à l'épreuve. Et en même temps, qu'il est épanouissant et essentiel de nous réaliser dans ce qui nous tient le plus à cœur !
Afin de réaliser mon rêve d'un lieu de vie sauvage à partager, depuis trois ans, je dirige toute mon énergie vers la création de cet endroit qui est en train de naître. Cette création me fait traverser tant d'épreuves ! Elle me confronte à mes visions, à mes schémas, à mon expérience, à l'inconnu, à la réalité. Tout comme lors de mes expéditions dans les grands espaces, passer du rêve à la réalité est possible. Cela nous fait grandir au-delà de nous-mêmes, nous fait ressentir la magie du dépassement, nous fait toucher l'infini, nous relie au cœur et à la justesse.

Fragments de bonheur

- Récolter les plantes sauvages et cuisiner un beau repas.
- Se baigner à la rivière dans la forêt, voir le crapaud sur la pierre.
- Sortir de l'eau fraîche et s'allonger sur une grande pierre chaude.
- Sentir la circulation du sang dans tout son corps, par la dynamisation du froid-chaud.
- Relier son chant avec celui du vent.
- Observer la vivacité de l'écureuil sans être vu·e.
- Sentir le chatouillis provoqué par les poils des abeilles, sentir la peau lisse et sans chaleur de la couleuvre d'eau glisser sur ma main.
- Peindre avec de la farine et des pigments de plantes nos rêves, sur les pierres, tels les témoignages dans les grottes des temps anciens.
- Récolter l'argile et la modeler sous mes doigts.
- Couper un fruit en deux et découvrir la beauté de sa structure, de l'implantation de ses graines.
- Se connecter aux plantes pour qu'elles nous délivrent leurs remèdes.
- Déposer un baiser sur tes lèvres.
- Ton sourire.

J'ai réalisé toutes mes photographies in situ, durant mes immersions et ma vie au quotidien connectée au Sauvage. Ces images viennent à moi telles des évidences, des messages. Pour préserver l'authenticité de ces moments, le développement photographique se réalise sans trucage ni retouche. Ces images sont le reflet d'une réalité. Page 126, cette photographie est une double exposition réalisée dès la prise de vue, au même endroit, au même moment.

***Merci profondément** pour vos courriers et échanges. Vos messages apportent des correspondances avec d'autres pratiques : les arts martiaux, le taoïsme, l'alchimie, etc., des pratiques qui amènent à rejoindre le même endroit : l'Essence. Continuons à tisser des liens vers un retour à l'authenticité… au-delà des pratiques, au-delà des savoirs, au-delà de nos apprentissages.*

Et si nous rêvions et construisions ensemble ?
cindyjeannon.com

1. Le lieu de vie du terrain de cœur que j'ai perçu lors de cette transe hypnotique est le lieu de vie expérimental que je suis en train de créer en Ariège.
2. Régénératrices est au féminin puisque tribu et société le sont. Dans la futur, le langage aura évolué aussi, nous passerons à l'accord du genre selon ce qui est en plus grand nombre à ce moment-là… telles des vagues de yin yang métamorphiques.
3. Inspiré des écrits de Philippe Desbrosses.

UN PLONGEON DANS L'ÉCHO DU MONDE

Au fond des bois

KIM PASCHE • ILLUSTRATION MARIE DOUCEDAME

Il existe un monde où rien n'est dissocié. Où les êtres ne sont que des axes reliant entre eux les fils qui tapissent le monde. Comme une toile d'araignée, l'ensemble de la trame frémit et oscille à la moindre vibration exercée sur l'un de ses liens. Ce monde, c'est le nôtre. Un monde fait des relations qui résonnent et vibrent sous l'impulsion de la vie. Un monde où tout fait écho, l'*échosystème*.

Tout vibre

Face au détroit de Messine, proche de la Sicile, le navire Argo s'est arrêté. Les Argonautes, au nombre de cinquante, sont conduits par Jason. Ils cherchent à rentrer en Grèce après avoir dérobé la fameuse « toison d'or » au roi Aiétès, en Colchide.
Les argonautes hésitent à passer, car ils craignent d'être inexorablement attirés par les chants sauvages des sirènes. Mais Orphée les protège : sa lyre couvre le chant maudit des chimères et permet de déjouer leur piège, car tous savent que les sirènes se nourrissent des marins suffisamment crédules pour s'approcher des récifs de leur île. Tous les argonautes résistent sauf un, Boutès, rameur sur lequel les mélodies d'Orphée n'ont pas d'emprise, et qui plonge à la rencontre des sirènes…
Dans son étonnant livre *Boutès, l'appel vocal originaire*[1], Pascal Quignard nous livre une étrange interprétation du « plongeon de Boutès », dont la plus ancienne mention apparaît dans l'*Odyssée* d'Homère. L'auteur y oppose le « chant originaire » des sirènes aux volutes binaires de la lyre d'Orphée. Boutès est en effet le seul des Argonautes à préférer le chant de perdition des chimères à la prudente mélopée du fils de Calliope. C'est un chant de perdition, dit-il, car : « *Le chant des sirènes ôte toute possibilité de retour.* »
Pour Pascal Quignard, Boutès est pleinement conscient de son choix au moment de plonger. Selon lui, il répond à un élan primal, à un appel des origines.

> Les écosystèmes peuvent être interprétés comme des « échosystèmes » dont l'identité serait avant tout définie par la diversité des relations qui la tissent..

L'œuvre de Quignard nous parle du son et de la voix des origines, mais ce n'est pas là la seule interprétation possible de ce mythe. En effet, ce dernier nous invite également à considérer le monde sous un angle vibratoire. Un monde façonné par le dialogue entre les choses, auquel il convient de faire écho.

Petit traité d'échologie

Ce monde, c'est celui de l'« échologie », où chaque partie fait écho à son ensemble, où tout est résonance. Sous ce regard, les écosystèmes peuvent être interprétés comme des « échosystèmes » dont l'identité serait avant tout définie par la diversité des relations qui la tissent, plutôt que par la diversité des espèces elles-mêmes.

Mais ce regard de l'*échologiste* ne nous est pas – ou plus – inné, à nous autres civilisés. Bien des millénaires de philosophie et de science séparent désormais notre société d'un rapport vibratoire au monde. Comme nos écrans, le monde qui se dessine désormais sous nos yeux est pixellisé : nous croyons que l'image est formée d'une agglomération d'unités dont l'assemblage est cohérent.

Isoler, purifier, délimiter. Les sciences, comme nos normes sociales, ont porté leur attention sur les objets qui composent notre univers, tant et si bien que cela nous semble naturel de voir l'environnement comme une addition d'êtres et d'objets. Comment voir autrement une abeille, un humain, une rivière ? Ne s'agit-il pas là d'individus clairement définis ?

Nul doute qu'une abeille est bien une abeille et qu'elle constitue un être précis. Mais observer un individu sans les relations qu'il entretient avec le monde qui l'entoure est une façon bien incomplète d'entrevoir le monde. Car, si les contours des êtres nous permettent d'identifier *en quoi* ils sont singuliers, cela ne nous permet en revanche pas d'en comprendre *la cause*.

Dans *The Blind Watchmaker*[2], Richard Dawkins s'émerveille de la relation entre certains insectes et leurs prédateurs, les chauves-souris. Il parle de relation, car si l'écholocalisation permet aux chauves-souris de chasser les insectes nocturnes, l'opposé complémentaire est tout aussi vrai : cet écho est également celui qui permet à l'insecte de déjouer les attaques des chauves-souris. Génération après génération, écho après écho, le chasseur façonne le chassé, qui façonne à son tour le chasseur, encore et encore, dans un bal incessant pour la vie.

Ainsi, la réverbération entre ces êtres révèle leur histoire : porter son attention sur l'écho du monde fait transparaître le lien invisible qui relie entre eux les sujets et les objets.

Un autre regard possible

Bien sûr, le monde moderne sait observer ces forces. Qu'elles relèvent les lois universelles, comme la gravité, ou des tendances systémiques, comme le réseau micellaire d'un sol de forêt, c'est l'une des bases de la science que d'observer l'inobservable. Pourtant, lorsqu'il s'agit d'intégrer ces observations à notre regard sur le monde,

il semblerait que nous autres humains « modernes » soyons hypnotisés par le besoin de séparer ou d'isoler les objets les uns des autres.
Or, lorsque le regard se focalise sur les objets en les isolant de leur contexte, on passe à côté d'une compréhension systémique des choses, justement! Car une plante, un animal, une bactérie ou une montagne ne sont des expressions clairement définies et délimitées que parce qu'elles ont été façonnées par les forces omniprésentes. On ne peut donc les comprendre qu'en intégrant l'environnement et les interactions qui leur ont donné forme.
Un exemple sera plus parlant : si l'on observe ce qui se passe dans la savane avec un regard non systémique, alors la gazelle est une proie soumise en permanence aux attaques potentielles des lionnes. Le prédateur, lui, guette la savane à la recherche des gazelles, sans relâche... Et, de fait, les attaques sont nombreuses.
Voilà qu'une gazelle en train de mettre bas se fait attaquer et dévorer au moment où elle est la plus vulnérable par ce prédateur implacable qu'est la lionne. Il est difficile, face à cette image, de ne pas ressentir de la tristesse pour la gazelle et de la colère vis-à-vis de la lionne. C'est finalement si simple de regarder ce tableau et d'y voir une victime et un bourreau! En affinant un peu, on pourrait même y voir deux victimes, prisonnières d'un mauvais sort de l'évolution, que certains antispécistes voudraient d'ailleurs voir disparaître[3].
Si l'on pouvait demander son avis à la gazelle, ne nous confierait-elle pas son ras-le-bol d'être à la merci des griffes et des crocs de ses oppresseurs? Tout cela semble couler de source...
Pourtant, il existe une autre façon d'observer cette scène. Une façon qui prend en compte non seulement les interactions qui lient le lion et la gazelle, mais également l'herbe que cette dernière broute, ainsi que les bactéries qui cohabitent dans son estomac, les virus omniprésents dans son nez, les champignons qui poussent sur ses excréments...
Le regard systémique révèle que chacun de ces êtres, avant même d'être un individu, est *l'expression des relations tissées avec ses semblables.*

Tu es, donc je suis

Ainsi l'herbe a développé une croissance particulière, adaptée à la présence des herbivores. Les bactéries qui vivent dans l'estomac des herbivores leur permettent la digestion. La gazelle est véloce grâce à la pression exercée par les attaques des lions. Et la lionne, elle, ne doit sa puissance qu'au fait que les gazelles lui échappent plus souvent qu'elles ne tombent sous ses assauts! Ce qui fait toute la grâce de ces espèces, ce sont précisément leurs interactions.
La tension – la friction, même! – qui existe entre les individus est le moteur qui les pousse vers la perfection. Aussi sûrement que le soleil, la pesanteur et la concurrence des autres végétaux convoquent la verticalité de l'arbre; les griffes, l'herbe et l'horizon invoquent l'agilité de l'herbivore... Qui est *individu* dans tout ça? L'identité que nous aimerions tant prêter à l'animal qui broute la prairie existe-t-elle seulement? L'individu, dans le sens d'« indivisible », n'est-ce pas, justement, ce système que constitue la relation mycorhize-herbe-gazelle-bactérie-lionne-bousier-ténia-etc.?
Sous ce regard, « je » n'existe que parce que « tu » existes... Il n'y a plus de proie ou de prédateur, d'hôte ou de parasite, mais des êtres inter-reliés, symbiotiques, qui ont chacun une fonction, et qui le savent! C'est du moins ce qu'un chamois m'a élégamment démontré lors d'une de mes premières chasses, il y a de cela vingt ans.

Danser avec les chamois

Par une chaude journée d'automne, je m'étais enfoncé dans les gorges d'une rivière du Jura suisse, à la recherche d'un animal à attraper. Pour cette chasse, j'avais avec moi un arc en orme façonné avec des outils en pierre, sa corde faite de fibres d'ortie, et une flèche montée d'une pointe en silex. Mon objectif était précis : je me donnais une seule chance de chasser un chamois dont je connaissais les habitudes pour l'avoir vu flâner sur les rochers qui surplombaient la petite rivière de la vallée.

Comme je savais que les chamois sont naturellement plus attentifs à ce qui vient d'en dessous d'eux, j'avais contourné, une heure durant, le défilé de la rivière pour tenter une approche par un plateau forestier relativement facile d'accès, situé au-dessus des gorges. Pieds nus, j'avançais silencieusement dans les sous-bois, priant pour que le chamois soit au rendez-vous. Il n'y avait pas le moindre vent, en ce début d'après-midi, mais j'avais misé sur le fait que la rivière génère la plupart du temps une brise qui remonte le long des gorges. Celle-ci devait *a priori* couvrir mes odeurs.

Je slalomais habilement entre les gros hêtres qui peuplent cette forêt, mon arc en main, les sens hyperactifs. Une silhouette se dessinait au loin. En me rapprochant, il n'y avait plus de doute possible : le chamois était là. Il paissait l'herbe aux abords des rochers, seul. J'étais à 50 mètres de lui environ. Il me fallait me rapprocher à moins de 15 mètres si je voulais décocher ma flèche, ce qui n'allait pas être aisé.

Après une heure d'une intensité folle, je me suis finalement retrouvé à 20 mètres de ce magnifique mâle sans qu'il semble m'avoir senti. J'étais accroupi derrière de petits arbres et ne voyais que son arrière-train. Mais, lorsque je me suis déplacé encore un peu pour voir la totalité de son corps, j'ai réalisé que le chamois m'observait !

> Effacer un peu de notre égo pour faire place à l'écho. Perdre la raison pour mieux résonner avec ce qui nous entoure.

J'étais tétanisé, le souffle court, ne sachant trop quoi faire. Une minute ou deux passèrent sans que nous ne bougions, ni lui ni moi. Cette situation m'était inexplicable. Pourquoi le chamois ne fuyait-il pas ? De longues minutes passèrent et il fallut me rendre à l'évidence : le chamois m'avait bel et bien remarqué, mais cela ne semblait pas constituer une raison suffisante pour fuir, apparemment.

Bon, bon… Était-ce l'un de ces moments magiques dont parlent les Premières Nations, lorsqu'un animal se « donne » au chasseur ? Soudain, je me sentais tout-puissant. Normal, puisque j'étais favorisé par les dieux… Mais, malheureusement pour moi, à chaque pas que je faisais pour me rapprocher du chamois, lui s'arrangeait toujours pour être hors de portée de ma flèche. Parfois, c'était la présence d'un arbuste qui m'empêchait de tirer, une autre fois encore, c'était l'angle entre lui et ma flèche qui n'était pas le bon. Je ne perdais cependant pas espoir, car cette drôle de chorégraphie me rapprochait, pas après pas, de l'animal convoité.

J'étais si près de lui que je sentais son odeur musquée m'atteindre les narines par vagues. Spontanément, je me suis mis à lui parler. Je lui disais à haute voix qu'il ne fallait pas qu'il se méprenne sur mes intentions : j'étais bien là pour lui ôter la vie !... Et lui, dans sa posture calme et effrontée, me disait : « *Je sais bien ! Et si je ne fuis pas, c'est pour te foutre la honte de ta vie, canaille. Tu ne sais visiblement pas à qui tu as affaire, mon coco !* »
La situation était pour le moins risible ! J'en étais maintenant certain : ce chamois était tout à fait conscient d'être chassé, mais, au lieu de se comporter comme une victime, il me défiait littéralement ! Tout en gardant une distance raisonnable, le chamois me toisait d'un air arrogant. Il me fixait, les muscles tendus, et me provoquait en tapant le sol de ses pattes et en soufflant fort, comme un taureau.
Ce bal dura deux heures. La plus belle danse de ma vie. Dans un moment de témérité absolue, le bougre me tourna même le dos... et se coucha ! Il feignit de ne pas me voir, en broutant dédaigneusement du bout des lèvres quelque oxalis. Mais son échine était dressée et trahissait l'extrême tension qui l'habitait. Il jubilait, le con !
J'avais fini par oublier que je portais un arc et une flèche, trop fasciné que j'étais par le tableau improbable que nous peignions tous les deux. Le jeu était limpide et ce mâle chamois me faisait l'un des plus beaux cadeaux possible : il était en train de m'expliquer que pour rien au monde il n'aurait troqué sa place de proie contre la mienne. Et qu'être une proie ne voulait sûrement pas dire ce que je pensais.

Être en proie à une idée

Ce chamois n'était pas une victime et ne le serait jamais. Qu'il s'éteigne sous les crocs d'un loup, sous le tir d'un chasseur ou de vieillesse, il porterait toujours avec fierté – et arrogance même ! – sa part de la grande trame du vivant. Cette compréhension n'était pas le fruit d'une réflexion, mais un état de fait que je semblais être le seul à ignorer. Pour quelques instants suspendus, nous étions, lui et moi, une seule entité. Peu importait l'issue de cette chasse, ce qui comptait était l'écho qui réverbérait entre nous. Sous l'ombrage des hêtres, se rejouaient toute la puissance et la vitalité des interactions qui existent depuis toujours entre les êtres vivants. Ces pas de danse, d'attaque et d'esquive que nous faisions étaient comme autant de promesses renouvelées à l'égard de cette portion de vie que nous portons tous et dont chacun est gardien. Dans la création comme dans la destruction.

L'ultime plongeon

C'est là le message de Boutès, qui, par un ultime plongeon, nous invite à renouveler cette promesse ancestrale d'effacer un peu de notre égo pour faire place à l'écho. Perdre la raison pour mieux résonner avec ce qui nous entoure.
Et ce fut le dernier message du chamois qui m'attendait au sommet d'un rocher, alors que je regagnais le sentier des gorges : ensemble nous avions célébré l'élan vital qui fait vibrer tout ce qui est, qui façonne toute chose ici-bas. Au-delà du sort inéluctable qui nous attend tous, nous avons le choix de célébrer le mouvement en nous y abandonnant ou de figer notre regard sur d'apparentes certitudes.
« *Comme pour Boutès, ton chemin est sans retour possible* » semblait me dire le chamois, alors que je m'en allais rejoindre le monde des hommes...

Drôme, le 5 juin 2021

1. *Boutès, l'appel vocal originaire*, Pascal Quignard, éditions Galilée, 2008.
2. *L'Horloger aveugle*, éditions Robert Laffont, 1986.
3. La question de l'éventuelle suppression des prédateurs sauvages a été régulièrement traitée dans la revue française *Cahiers antispécistes* ces dernières décennies.

Collection Racines

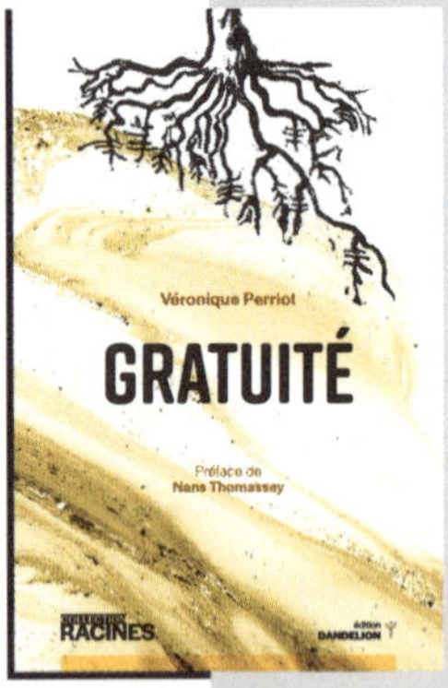

Née de rencontres humaines surprenantes, évidentes, improbables pour certaines, cette nouvelle collection de livres d'une centaine de pages chacun explore des sujets engagés qui nous paraissent essentiels à partager. Parce que les bouleversements environnementaux et sociétaux en cours concernent nos vies et la vie elle-même, apprendre à penser, à faire et à vivre autrement est indispensable pour vivre un présent et un futur désirables.

Les thèmes parcourus sont aux racines mêmes de ce qui nourrit *Yggdrasil.* La légende raconte qu'il en existe trois. L'une d'elles s'imprègne de la source de la vie sous toutes ses formes, incluant la mort comme passage vers un monde nouveau ; la deuxième naît dans le puits de la sagesse où connaître et être ne font plus qu'un ; la troisième plonge dans un puits gardé par les trois destinées : origine, présent et avenir.

Quel lieu plus évident que la base d'*Yggdrasil,* réunissant les trois racines pour donner la parole à ceux et celles qui expérimentent, traversent en profondeur ce qui se présente et nous invitent par là même à vivre la destinée qui nous enthousiasme ?

Cette petite collection, nous la façonnons ensemble à la manière d'une *jam session* où chacun et chacune a la possibilité d'improviser à son tour, d'y vivre son art personnel, d'y offrir et d'y apprendre.

Collection Devenir autonome

Nous venons de récupérer le stock des éditions YpyPyp spécialisées sur l'autonomie. Nous offrons la possibilité aux lecteurs·trices d'*Yggdrasil,* de se procurer les incroyables fiches pratiques pour devenir autonome à un prix spécial destockage (et ce, dans la limite du stock disponible).

Une fiche pratique au format A3, en papier cartonné plié en trois, rassemble le maximum d'informations sur une thématique. Il en existe 25, que vous pouvez dès à présent commander via notre site Internet.

Pour découvrir et commander les collections, rendez-vous sur notre site
yggdrasil-mag.com

YGGDRASIL

Magazine-livre trimestriel

Signe particulier
› il n'y aura que 12 numéros

Je commande

○ **Un numéro**
15 €

Le prix d'un numéro acheté chez votre libraire préféré vous coûtera 12 €.
Si vous voulez l'acheter avec ce bon de commande, nous vous demandons 3 € de participation aux frais d'envoi.

○ **Abonnement jusqu'à la fin**
33 €

Avec un abonnement de 1 an, vous recevrez 3 numéros. Vous faites des économies et en plus vous n'avez qu'à vous rendre jusqu'à votre boîte aux lettres, à chaque changement de saison, pour découvrir le nouvel *Yggdrasil*, sans jamais en rater un ! En outre, vous nous facilitez la tâche : gestion aisée, trésorerie saine...
Et, pour finir, vous nous permettez d'être plus précis sur le nombre d'exemplaires imprimés : en affinant notre tirage, nous évitons le gaspillage lié aux invendus.
Bref : abonnez-vous !

○ **Collection complète**
120 €

Cet abonnement comprend les 12 numéros d'*Yggdrasil*, parus et à paraître jusqu'à mars 2022.
Avoir la collection complète, c'est s'assurer l'avenir, ce qui n'est pas rien par les temps qui courent...

Abonnement de soutien

Vous trouvez qu'*Yggdrasil* est un projet qui vous fait vibrer ? Vous avez envie de nous soutenir de façon plus appuyée encore ?

L'abonnement de soutien est fait pour vous !

○ Abonnement Collection complète : **250 €**

Tarif petits budgets

Si vous avez peu de moyens, nous vous proposons des tarifs préférentiels. Nous ne demandons aucun justificatif, votre bonne foi suffit :).

○ Un abonnement jusqu'à la fin (3 numéros) **27 €**

Ces tarifs sont uniquement valables en France Métropolitaine. Pour toute autre destination, il faut commander sur notre site Internet en raison des frais de port différents. Merci de votre compréhension.

Vous pouvez payer par carte bleue et avec d'autres moyens de paiement sur notre site yggdrasil-mag.com

Vous pouvez également photocopier ce bulletin ou découper cette page avec délicatesse. Dans le second cas, il vous manquera une page et votre *Yggdrasil* ne pourra plus se vendre à prix d'or au marché noir, mieux vaut bien y penser avant de commettre cet acte irréparable.

Prénom ____________ Nom ____________

Adresse ____________

____

Code postal ____________ Ville ____________

Tél. (facultatif) ____________ Courriel (facultatif) ____________

○ Je règle par chèque à l'ordre de « Édition Dandelion »

○ Je veux commencer mon abonnement à partir du numéro ____________

Sans précision de votre part, votre abonnement commencera à partir du numéro suivant celui-là.

Merci de joindre votre règlement par chèque et d'envoyer le tout à :
Yggdrasil • 8, rue de la Mairie • 09320 Massat

Conformément à la loi « Informatique et libertés », vous pouvez obtenir une copie de vos données et les rectifier en nous contactant par mail : abo@yggdrasil-mag.com
Vos coordonnées ne seront pas transmises à des tiers.

CHRONIQUE
d'effondrement extraterrestre

YVAN SAINT-JOURS CORRÉ

Rome… la vérité qui dérange

Il y a 2 000 ans, l'Empire romain s'effondrait *grosso modo* comme un gros morceau de banquise réchauffée. La sortie récente du best-seller *Roma, ad vitam aeternam*, traduit en 75 643 langues dans trois galaxies (le nec plus ultra pour un éditeur), nous éclaire enfin sur ce pan de l'histoire qui a fait tant couler d'encre sur Terre.

L'Empire romain était en fait dirigé par des Diapolicums. Oui, c'est un peu dur à avaler comme ça tout de go, pourtant deux éléments, *a posteriori*, auraient dû nous alerter depuis belle lurette. Le premier est que les Romains parlaient, *de facto*, latin ! Qui sur Terre aujourd'hui pourrait parler cette langue totalement incompréhensible et super difficile avec toutes ces déclinaisons, ces génitifs, ablatifs et autres trucs tirés par les tifs ? Et qui, à part des Diapolicums, *ipso facto* des zombies, parlent une langue morte (et vice versa) ?

Le second indice, c'est que les hommes romains portaient des jupes. Qui aurait osé créer le plus grand Empire de l'histoire de l'humanité en jupette ? Imaginez un seul instant les G.I. envahissant le Viêt Nam en kilt vert à carreaux ? *Idem* pour l'Irak ! *In fine*, qui, à part des Diapolicums, dont le périnée est hypertrophié et a donc besoin *a fortiori* d'être très ventilé, porte des jupes en toutes circonstances ?

Et donc, quid de cette fameuse chute de leur empire ? Ce que nous révèle ce best-seller universel, c'est qu'elle est le résultat d'une conjonction de faits dont le quatre principaux sont cités ci-après (pour les découvrir *in extenso*, procurez-vous le livre chez votre libraire).

La révolte des peuples des territoires occupés par l'Empire, qui décidèrent de faire un gigantesque boycott *stricto sensu* des produits *made in Roma*. Cet épisode est connu sous le nom du « Réveil de la force du consomm'acteur ».

L'altération de la biodiversité, avec notamment l'extinction d'une espèce emblématique qui vivait à Rome intra-muros : l'oie du Capitole. Jadis sauvée *in extremis* par une petite association écolo expulsée de la cité *manu militari*, l'oie disparut. L'absence de ces précieux volatiles, gardiennes des lieux stratégiques, profita aux envahisseurs venus de l'est : les barbares, *persona non grata* par excellence. Comme ils se ressemblaient tous, comme des clones ou des fac-similés, on appelait les barbares des « clonares ». Cette période douloureuse est connue sous le nom de « l'Attaque des clonares ».

Le déclin de la confiance populaire, qui allait crescendo après l'augmentation des violences sécuritaires lors des manifestations sociales, avec notamment l'usage systématique de LBPD (*i.e.* lanceur de boules de pétanque de défense). Épisode relaté comme étant celui de « l'Empire contre-attaque à coups de boules ».

La corruption et la dépravation des élites. Ces derniers reçurent de plus en plus de pots de vin (au sens propre), ceci altérant leurs jugements (*in vino veritas*, certes, mais avec modération). Et ils commirent de graves quiproquos et autres lapsus (à cause de ces satanées déclinaisons), dont le plus connu : le consul Pilate ordonna que Jésus soit crucifié *(crucifigerente)*, alors qu'il voulait initialement savoir si ce dernier était cruciverbiste *(crucifiverentas)*.

Jésus étant lui-même un Diapolicum, il renaquit une fois (c'est la particularité de cette espèce : avoir une seconde vie). Cet évènement *post mortem* fut logiquement appelé le « Retour du Jésus ».

C'est donc ainsi, à force de persévérer dans ses erreurs, que l'Empire diapolicum collapsa. Un effondrement extra-terrestre dont la locution est, *a priori*, connue de tous : *« Errare humanum est, perseverare diapolicum »*.